꿀!
꿀!
꿀!
꿀!
꿀!

STEaM 스틱수학

2학년

상상의집

이 책을 만드는 데 함께해 주신 분들!

동화 

서지원 개정 초등 수학 교과서 집필에 참여했습니다. 한양대학교 국문학과를 졸업하고 1989년 「문학과 비평」에 소설로 등단했습니다. 신문사 기자, 벤처 기업 대표, 출판사 편집자를 거쳐 현재 동화 작가로 활발히 글을 쓰고 있습니다. 쓴 책으로는 「빨간 내복의 초능력자」, 「몹시도 수상쩍은 과학교실」, 「즐깨감 수학일기」, 「즐깨감 과학일기」, 「어느 날 우리 반에 공룡이 전학 왔다」, 「훈민정음 구출 작전」, 「원더랜드 전쟁과 법의 심판」, 「원리를 잡아라! 수학왕이 보인다」, 「개념교과서」, 「토종 민물고기 이야기」, 「귀신들의 지리공부」, 「무대 위의 별 뮤지컬 배우」, 「어린이를 위한 리더십」 등이 있습니다.

그림 

홍지혜 대학을 졸업한 후 그림책의 매력에 빠져 일러스트레이터의 길을 걷고 있습니다. 터무니 없는 이야기와 재미있는 그림을 좋아합니다. 일러스트와 디자인 등 여러 작업을 하고 있습니다. 그림을 그린 책으로는 「혼자서도 술술 영어 일기 쓰기」, 「제이의 영어모험」, 「신랑을 기다리는 열 명의 아가씨」, 「인체첫발」, 「소리야, 날아올라라」 등이 있습니다.

문제 출제 및 감수를 해 주신 선생님들

김혜진 선생님 경기 석곶초등학교에서 어린이들을 가르치고 있습니다. 대학에서 초등교육과 유아교육을 전공하고 현재는 서울교육대학교 대학원에서 초등수학교육과 석사과정을 공부하고 있습니다. 현재 (사)전국수학교사모임 초등팀에서 수학시간을 더욱 즐겁게 하는 방법을 연구하고 있습니다.

김가희 선생님 서울 지향초등학교에서 어린이들을 가르치고 있습니다. 서울교육대학교 대학원에서 초등수학교육과 석사과정을 공부하고 있습니다. 수학을 어려워 하는 어린이들이 수학을 즐겁게 이해할 수 있게 도와줄 방법을 연구하고 있답니다.

구미진 선생님 서울 장충초등학교에서 어린이들을 가르치고 있습니다. 교원대학교에서 석사학위를 받고 싱가포르 수학 교과서와 한국 수학 교과서를 비교하여 연구하였습니다. 지은 책으로는 「수학사와 수학이야기(공저)」가 있습니다.

최미라 선생님 서울 송중초등학교에서 어린 친구들을 가르치고 있습니다. 현재 서울교육대학 수학교육과 석사과정과 (사)전국수학교사모임 초등팀에서 더 쉽게 수학의 즐거움을 누릴 수 있는 방법을 열심히 연구하고 있답니다. 지은 책으로는 「사라진 모양을 찾아서」, 「스테빈이 들려주는 유리수 이야기」, 「손도장 콩콩! 놀자 규칙의 세계」, 「손도장 콩콩! 놀자 입체도형의 세계」 등이 있습니다.

김민회 선생님 서울교육대학교 수학교육과 석사과정에 있으며 서울 광남초등학교에서 아이들을 가르치고 있습니다. 방과 후 수학 영재 학급 운영, 영재교육 창의적 산출물 대회 참가 등 수학에 대한 관심이 많아 여러 활동들을 하고 있습니다. (사)전국수학교사모임 초등팀에서 더 즐겁고 재있는 수학 공부 방법에 대해 연구하고 있지요. 지은 책으로는 「최고의 선생님이 풀어주는 수학 해설학습서」가 있습니다.

새 교과서와 함께 만드는 즐거운 〈스팀 STEAM 수학〉

2013년부터 초등학교 1, 2학년은 새로운 수학 교과서를 사용하게 됩니다. 새 교과서는 기존의 수학 교육과 달리 'STEAM 교육 이론'을 도입하여 Story-telling 방식으로 구성되어 있습니다. 요약된 학습 내용과 문제 중심의 교과서가 스토리텔링 방식의 서술과 창의 문제를 중심으로 바뀌는 것이지요.

'STEAM' 이란 과학, 기술, 공학, 예술, 수학의 영어 단어의 앞 철자를 따서 부르는 말로 창의적 인재를 키우기 위해 여러 분야를 통합한 융합 교육을 의미합니다.

수학은 STEAM의 마지막 키워드로 융합 교육에서 과제 해결을 위한 도구로 사용되지요. STEAM 교육에서 수학은 다양한 분야에 녹아 있는 수학적 개념과 원리를 찾아내고 이해하는 것이 중요합니다.

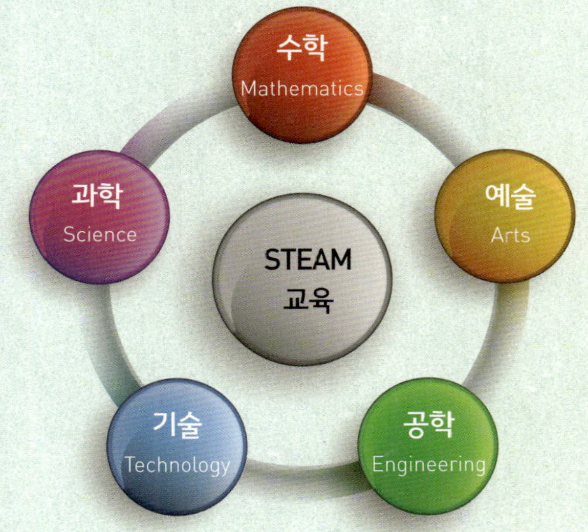

계산 위주의 문제에서 풀이 과정을 중시하는 서술형 문제로 성취를 평가하는 방법도 바뀌게 됩니다. 따라서 스토리텔링 방식의 서술에서 개념을 파악하고 개념에 대한 충분한 이해를 바탕으로 한 창의적 문제 해결력과 이를 효과적으로 표현하는 서술 능력이 필요해집니다.

<2학년 스팀 STEAM 수학>은 교과서 집필진과 초등 현직 선생님들이 함께 만든 스토리텔링 수학책입니다. 수학 개념이 제대로 녹아든 재미있는 이야기와 통합교과형 창의 문제들로 수학을 즐겁게 시작할 수 있습니다. <2학년 스팀 STEAM 수학>은 어린이들에게 자기 주도 학습의 동기를 주고 더 탄탄한 수학 세계로 가는 디딤돌이 될 것입니다.

스토리텔링 동화	개념 추출과 정리	개념 문제	창의 문제
개념 이해		수학적 적용 훈련	창의력 개발

이 책의 구성과 활용

즐거운 수학 시작!

◆ 수학 과목에서 해당되는 분류를 안내합니다.

◆ 관련 교과 단원을 소개합니다.

재미있는 이야기

◆ 수학적 개념과 원리를 재미있는 이야기로 담아냈습니다.

◆ 이야기 속 개념을 짚어 줍니다.

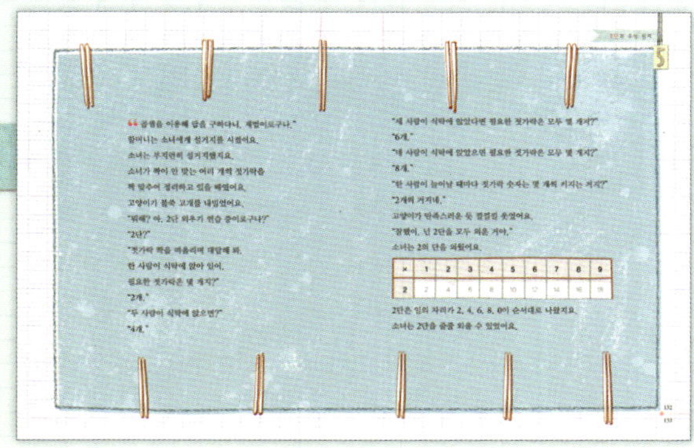

선생님과 함께하는 개념 정리

◆ 현직 초등 선생님들의 생생한 수업을 담았습니다.

◆ 개념 원리를 스스로 깨칠 수 있도록 돕습니다.
   이해의 폭을 넓히는 친절한 조언을 담았습니다.

개념 튼튼, 개념 문제

◆ 현직 초등 선생님들이 직접 출제한
   개념 문제를 풀어 봅시다.

◆ 스토리텔링 서술에서 수학적 개념을 도출하는
   방법을 안내합니다. 최근의 평가 경향을 반영한
   다양한 유형들을 소개합니다.

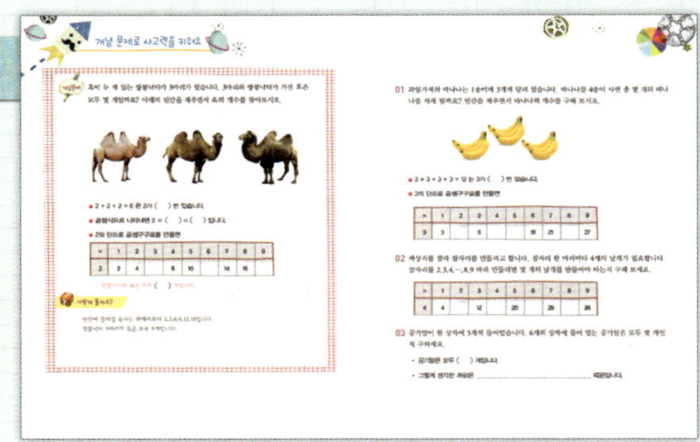

창의력 쑥쑥, 창의 문제

◆ STEAM 교육 이론을 반영한 창의 문제로
   수학적 창의력을 높입니다.

◆ 놀이처럼 즐겁게 수학적 사고의 방법을
   알려줍니다.

"수학을 왜 배워?"란 말은 더 이상 할 수 없을걸?

  새로운 수학 교과서를 만난 어린 친구들은 행운인지도 몰라. 지금 어른들이 어린이였을 때는 수학이 지루하고 어려운 과목이라고 생각한 경우가 정말 많았거든. 공식을 달달 외우고 숫자들과 씨름할 때마다, "수학 왜 배워야 해? 생활에는 아무 쓸모없는데."라고 불평하기 일쑤였지. 하지만 수학은 우리 생활 아주 가까이에 있어. 수학적 눈으로 우리 주변을 살펴보면 우리 주변의 모든 것들이 수학과 신기한 관련이 있지. 이렇게 수학을 신 나게 익히는 방법을 연구한 많은 분들이 어린 친구들 앞에 즐거운 수학으로 가는 안내서를 내놓았어.

  이 책을 읽을 때는 편안한 마음으로 이야기를 먼저 읽어 보자. 재미있는 이야기일 뿐이라고 생각했다면, <선생님과 함께하는 개념 정리>에서 놀라게 될 거야. '이야기 속에 이런 수학이 숨어 있었다니!' 그리고 이야기에서 찾아낸 개념들로 이루어진 문제를 풀어 보자. 문제라고 겁먹을 것 없어. 개념을 잘 이해하고 있다면 차근차근 따라갈 수 있는 즐거운 수수께끼니까 말야. 가끔은 신 나게 그림을 그리고 미로를 찾아가야 해. 어린 친구들은 고개를 갸우뚱거릴지도 몰라. "이게 수학이라고?" 바로 그것이 수학이야. 우리가 만나 볼 새롭고 즐거운 수학!

차 례

1
도 형
여러 가지 도형

돼지 마르코의 친척 찾기

2학년 **1**학기 **2**단원 여러 가지 도형

1 기준을 정하여 도형 분류하기

2 원의 의미 및 속성

3 삼각형의 의미 및 속성

4 사각형의 의미 및 속성

5 오각형, 육각형의 의미와 속성 탐구

6 다각형 확장 탐구

7 도형 집 꾸미기

돼지는 '꿀꿀' 웁니다.

'음매'하고 울지는 않지요.

마르코는 꼬리가 뱅뱅 돌아간 핑크빛 새끼 돼지입니다.

그런데 마르코는 분명히 '음매' 하고 울었어요.

마르코가 '음매!' 하고 울자,

젖소들은 깜짝 놀라서 펄쩍 뛰어올랐어요.

"방금 뭐라고 했어?"

"음매."

"말도 안 돼, 돼지는 꿀꿀 울어야 하는 거야."

하지만 마르코는 아랑곳하지 않고

'음매' 하고 울기만 했어요.

대체 저러는 이유가 뭐냐고요?

마르코는 자기랑 닮은 동물을 찾고 있대요.

그러니까 가족이라든지, 친척쯤 되겠지요.

"젖소 아줌마의 콧구멍 모양이랑 내 콧구멍 모양이 같아.

그러니까 난 젖소일 거야."

"넌 돼지야! 넌 젖소가 될 수 없다고."

"난 너무 외로워. 내게도 친척이 있었으면 좋겠어."

음매

세상에는 많은 모양이 있어요.
● 모양, ▲ 모양, ■ 모양, 그리고 ⬟ 모양 등.
마르코는 ● 모양의 코, ▲ 모양의 귀,
그리고 ■ 모양 몸뚱이,
그리고 ⬟ 을 거꾸로 뒤집어 놓은 듯한
모양의 다리를 가졌지요.
"젖소 아줌마도 ● 모양의 코,
▲ 모양의 귀, ■ 모양의 몸뚱이와 ⬟ 을
뒤집어 놓은 것 같은 다리를 가졌잖아요.
그러니까 우린 친척일 거예요."
마르코의 말에 젖소가 발끈했지요.
"천만에, 나한텐 ✦ 모양의 얼룩무늬가 있어.
넌 그런 게 없잖아."
젖소는 마르코와 친척이 될 수 없다며
딱 잘라 말했어요.

마르코는 양을 찾아갔어요.
동그란 얼굴, 동그란 귀, 동그란 배,
거기다가 동그란 눈에 동그란 콧구멍까지!
양은 정말 동글동글했지요.
"내 콧구멍도 동글동글하니까 너랑 난 친척일지도 몰라."
마르코가 말했어요.
"아냐, 내 얼굴은 아주아주 동그랗지만
네 얼굴은 좀 덜 동그란 것 같아."
"그래?"
양은 마르코의 얼굴이 동그란 것인지 알아 볼 방법이 있다고 했어요.
"우린 얼굴 가운데에 있는
코에서부터 얼굴 끝까지의 길이가 항상 같아.
어느 쪽을 재어 보아도 같다고."
마르코는 머리를 긁적였죠.
"너와 나는 가족이거나 친척이 아닐 수도 있겠구나."

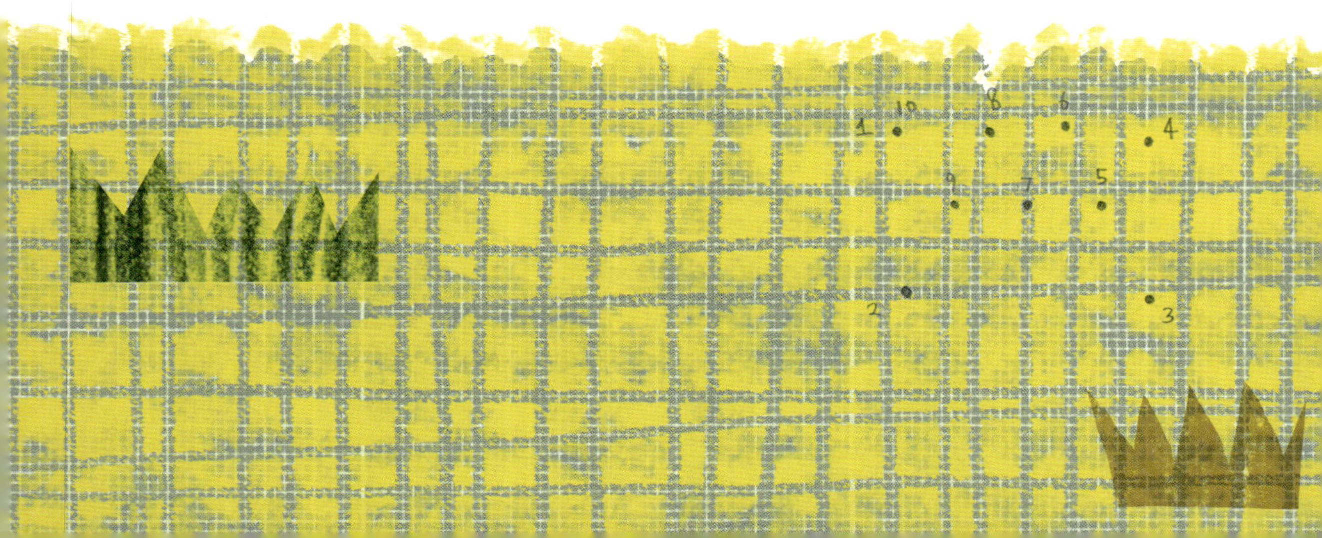

원의 의미 및 속성
1
어느 쪽을 재어보아도
길이가 항상 같아.
14
15

마르코는 양떼를 지키는 개를 찾아갔어요.
세모 모양의 쫑긋한 귀, 세모난 얼굴,
세모난 콧구멍을 가진 개였지요.
"내 귀도 세모 모양이니까
너랑 난 가족이거나 친척일지도 몰라."
"아냐, 네 귀랑 내 귀는 좀 다르게 생긴 것 같아."
개는 자기의 귀가 세 변의 길이가 같은
정삼각형이라며 자랑스러워했지요.
"나처럼 쫑긋한 귀는 아무나 갖는 게 아니라고."
"그래, 어쩌면 너와 난 친척이 아닐 수도 있겠어."

꼭짓점
선분

'아, 친척은 어디에 있을까?'

마르코는 숲 속으로 들어갔어요.

곰이 물고기를 잡아먹고 있었어요.

커다란 곰은 눈도 네모. 코도 네모, 입도 네모,

게다가 몸뚱이도 반듯한 네모였지요.

"내 몸뚱이도 네모 모양이니까 너랑 난

가족이거나 친척일지도 몰라."

"아냐, 네 몸뚱이랑 내 몸뚱이는 다르게 생긴 것 같아."

곰은 자기의 몸뚱이가 4개의 선분으로 둘러싸였고,

꼭짓점이 4개인 반듯한 네모라고 자랑했어요.

"나처럼 멋진 네모는 아무나 가질 수 있는 게 아냐."

"그래, 어쩌면 너와 난 친척이 아닐 수도 있겠어."

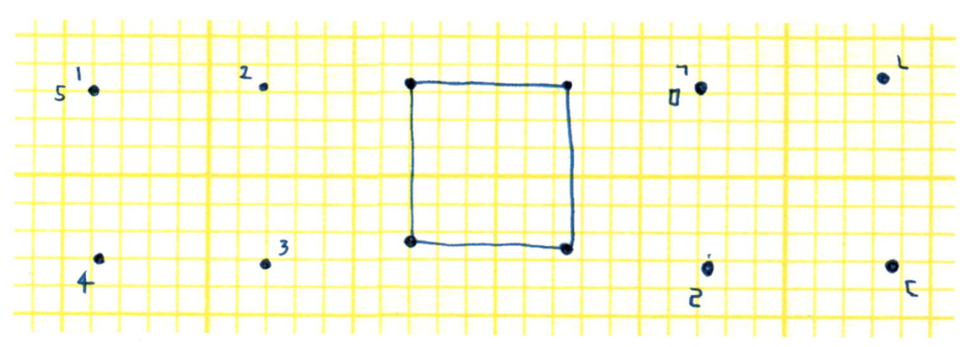

‘아, 내 친척은 어디에 있을까?’

마르코는 길을 걷다가 땅 속에서

빛나는 모양의 돌멩이를 발견했어요.

그건 번쩍번쩍 빛나는 다이아몬드였지요.

“내 다리는 ⬠ 을 거꾸로 한 모양이랑 똑같아.

어쩌면 이 돌멩이랑 내가 먼 친척일지도 모르겠어.“

마르코는 다이아몬드를 깨끗하게 닦아서

목에 걸었어요.

그러자 젖소와 양과 거위들이 모여들었지요.

"목에 걸린 그 예쁜 돌멩이는 뭐야?"

"모양이 특이한데?"

동물들은 마르코의 목에 걸린 다이아몬드 목걸이를

몹시 부러워했지요.

"이 돌멩이는 어쩌면 나하고 먼 친척일지도 몰라.

왜냐면 나랑 닮은 데가 많거든."

'앗, 저기도 있네! 저기도 있다!'

마르코는 비슷한 모양을 계속 발견하게 됐어요.

숲 속의 나뭇잎도 비슷한 모양이고,

끝이 뾰족한 울타리도 비슷한 모양이었어요.

꼭짓점이 더 많은 벌집도 있었지요.

"맙소사, 내게 이렇게 많은 친척들이 있었다니."

마르코는 중얼거렸어요.

세상엔 마르코와 비슷한 모양을 가진

친척들이 정말 많았지요.

마르코는 길을 가다가 어여쁜 암퇘지를 만났습니다.
마르코는 사랑에 푹 빠지고 말았지요.
"이걸 선물로 줄 테니 나랑 결혼해 줘요."
마르코는 암퇘지에게 번쩍이는 다이아몬드
목걸이를 선물했어요.
둘은 곧 결혼을 했고, 금세 아기도 갖게 되었지요.
"어떤 아기가 태어났으면 좋겠어요?"
암퇘지가 불룩한 배를 만지며 말했어요.

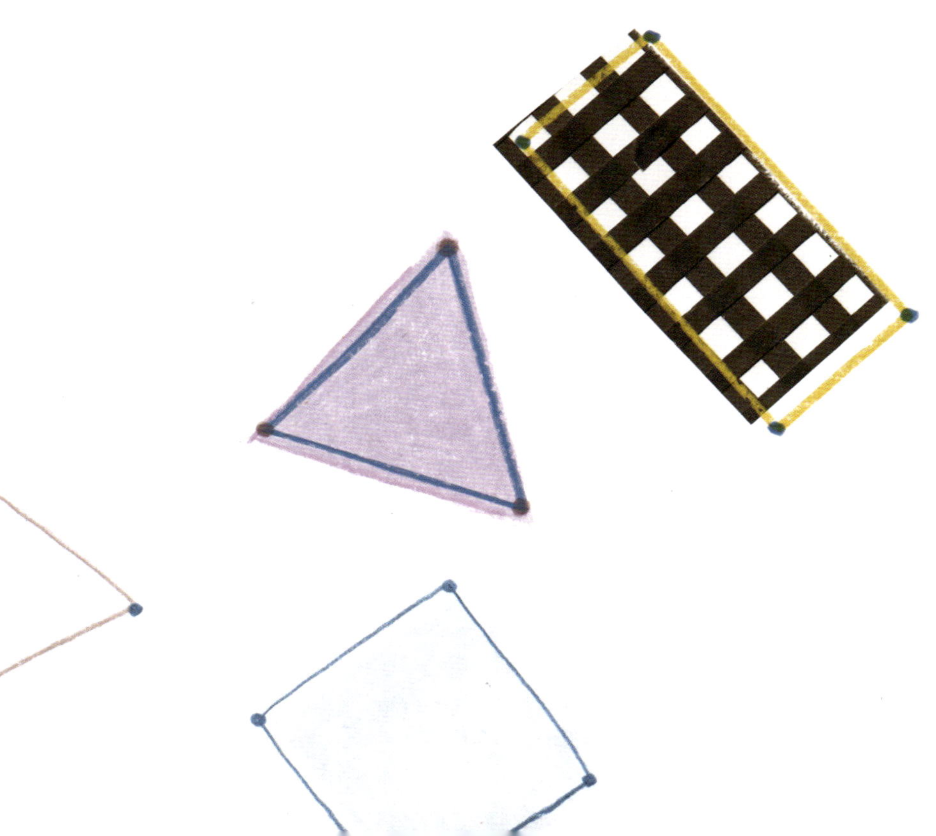

"난  모양의 좋은 점, ▲ 모양의 좋은 점, ■ 모양의 좋은 점,

그리고 ⬠ 모양의 좋은 점만 가진

예쁘고 멋진 아기가 태어났으면 좋겠어."

이제 곧 아빠가 될 마르코는

도형들을 이용해서 태어날 아기들의 모습을

미리 만들어 보았지요.

얼마 후 아기 돼지 다섯 마리가 태어났어요.
마르코는 이것저것 모양들을 가져다가
집을 만들고, 꾸미기 시작했어요.
"아기들아, 우리가 살 집을 멋지게 꾸며 줄게."
"꿀꿀!"
"꿀꿀!"
아기 돼지들이 아빠의 말을 알아듣기라도 한 것처럼
꿀꿀거렸지요.
마르코도 꾸울꿀 큰 소리로 외쳤어요.
"꿀꿀!"

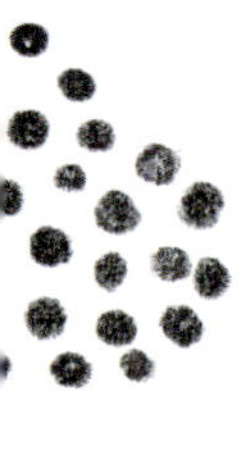

각 도형의 특징을 살펴봅시다.

이름	특징	도형
삼각형	• 꼭짓점 3개, 변 3개	
사각형	• 꼭짓점 4개, 변 4개	
원	• 동그란 모양 • 원의 중심점에서 원까지 거리가 항상 같다. • 중심으로 반을 접으면, 항상 완전히 겹친다.	
오각형	• 꼭짓점 5개, 변 5개	

각 도형을 특징에 맞게 찾아봅시다.

이름	도형
삼각형	
사각형	
원	
오각형	

도형의 특징을 정확하게 알아야 합니다. 도형의 특징을 꼭짓점, 변을 통해 기억하세요. 그래야 다른 도형과 쉽게 구분할 수 있어요.

또 도형을 특징에 맞게 찾을 수 있어야 합니다. 도형이 뒤집혀 있거나 옆으로 길게 되어 있어도 특징을 정확하게 알면 찾을 수 있어요.

도형을 머리로만 알면 쓸모가 없겠죠? 도형을 그려 보고, 그것을 활용해 다양한 표현을 해 봅시다. 그림으로 그려 보거나 색종이를 잘라 도형을 만들어 보세요. 칠교판을 이용해 놀이를 해 보아도 좋아요.

▲ 칠교판

▲ 칠교로 집을 만들었어요.

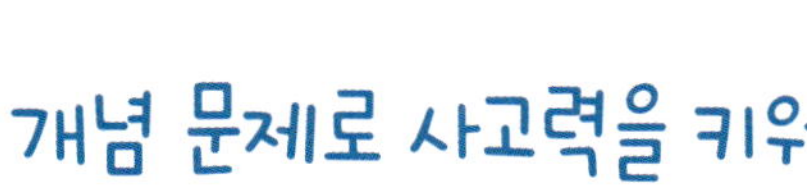

개념 문제로 사고력을 키워요

개념문제 ▢를 채우면서 삼각형을 살펴보세요.

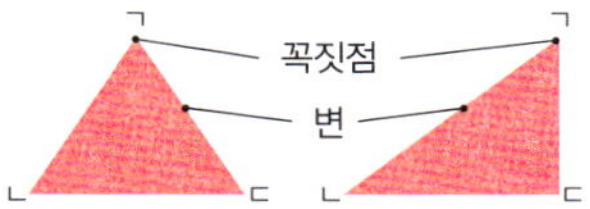

점 ㄱ, ㄴ, ㄷ은 삼각형의 꼭짓점.
선분 ㄱㄴ, ㄴㄷ, ㄷㄱ은 삼각형의 변.
삼각형은 3개의 ▢과 3개의 ▢을 가지고 있습니다.

어떻게 풀까요?

삼각형의 특징은 3개의 꼭짓점과 3개의 변입니다.

---

01 ▢를 채우면서 사각형을 살펴보세요.

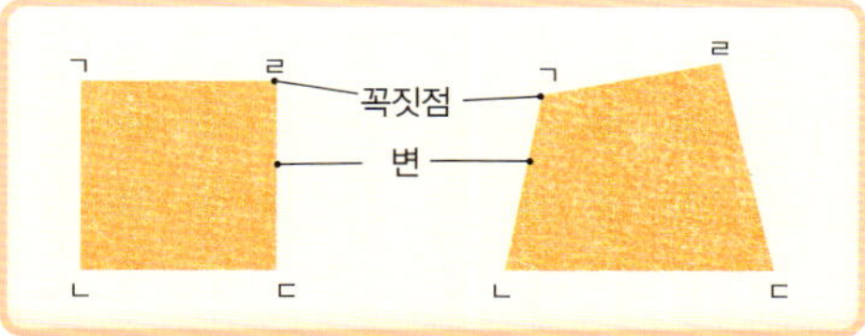

점 ㄱ, ㄴ, ㄷ, ㄹ은 사각형의 꼭짓점.
선분 ㄱㄴ, ㄴㄷ, ㄷㄹ, ㄹㄱ은 사각형의 변.
사각형은 4개의 ▢과 4개의 ▢을 가지고 있습니다.

02 ▢를 채우면서 원을 살펴보세요.

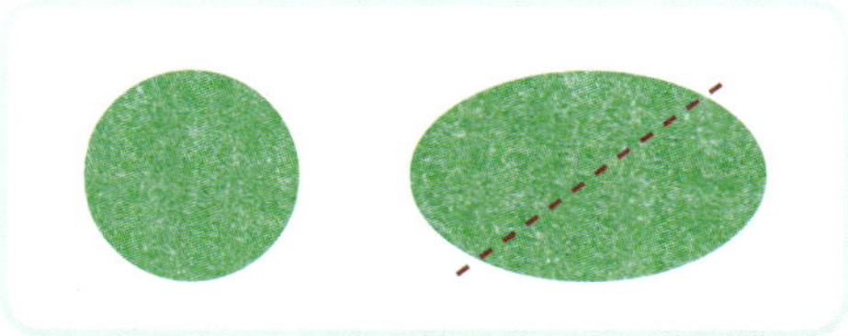

옆과 같이 동그란 모양의 도형을 ▢이라고 합니다.
이때, 원은 중심으로 반으로 접었을 때 완전히 겹쳐집니다.

중심이 지나도록 점선으로 접으면 겹치지 않는
도형은 타원입니다. ▢이 아니에요.

03 ▢를 채우면서 오각형을 살펴보세요.

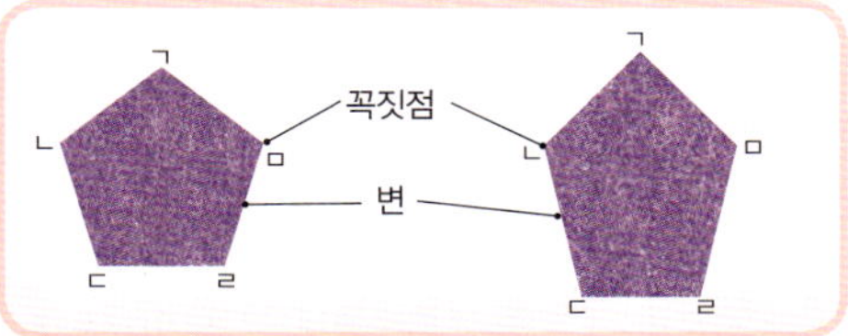

점 ㄱ, ㄴ, ㄷ, ㄹ, ㅁ은 오각형의 ▢.
선분 ㄱㄴ, ㄴㄷ, ㄷㄹ, ㄹㅁ, ㅁㄱ 은 오각형의 ▢.
▢은 5개의 ▢과 5개의 ▢을
가지고 있습니다.

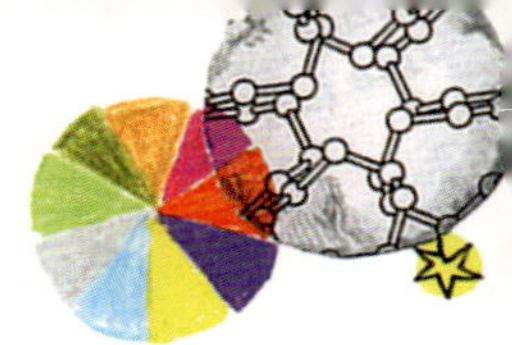

주어진 도형에 맞는 것을 찾아 ○표 하서요.

삼각형	
사각형	
원	

각 도형의 특징을 떠올려 보세요. ♡, △는 삼각형이 아니에요. ▭는 사각형이 아니에요.
꼭짓점의 개수를 세어 보면 알 수 있지요. ◯은 원이 아니랍니다. ◯, ✿도 원이 아니에요.

04 그림을 보고, 삼각형, 사각형, 원을 찾아 알맞은 색으로 색칠하세요.

▲ – 삼각형: 분홍   ◼ – 사각형: 노랑   ● – 원: 초록

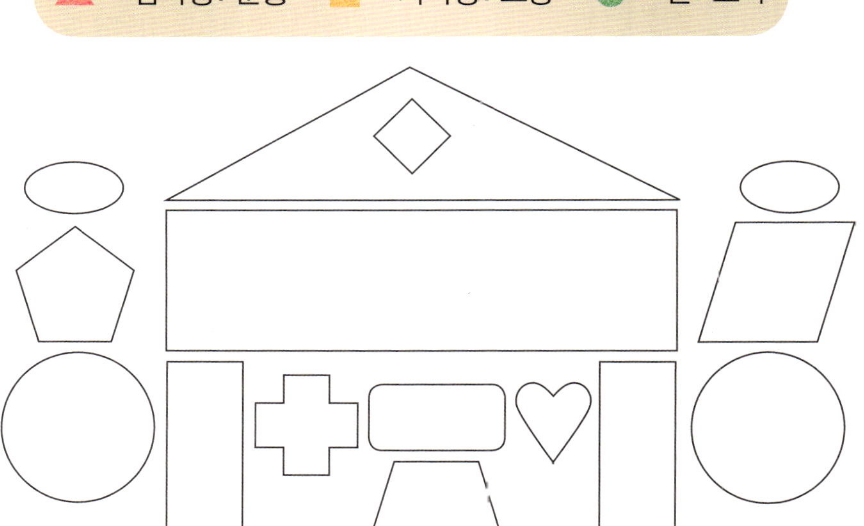

01 아래의 쪽지를 읽고, 마르코가 만든 집의 모양으로 맞는 것을 찾아보세요.

사랑하는 어린이들에게

여러 가지 도형으로 만든 우리 집에 올 수 있겠니?

우리 집은 아기들이 잠자고 있으니까 조용조용 벨을 눌러야 해.

우리 집은 사각형 모양의 지붕에 창문은 원이 2개 있고,

집 옆에는 삼각형 지붕의 작은 집이 1개 있어.

집 앞에는 노랗고, 오각형 모양의 우체통이 있어.

우체통에는 원모양의 문패가 붙어있지.

<마르코와 가족이 사는 집>이라고 말야.

우리 집을 찾아올 수 있겠니?

마르코로부터

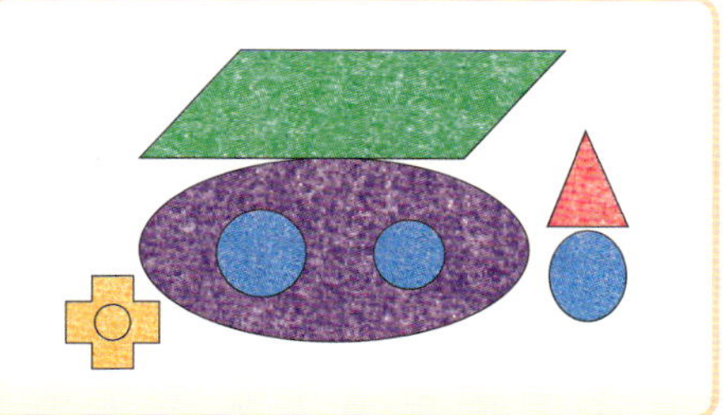

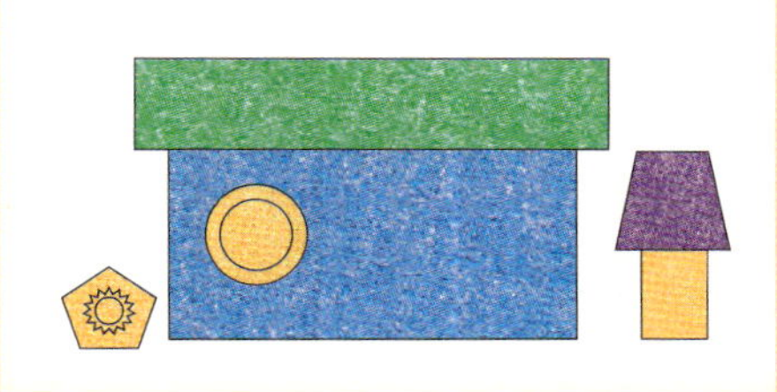

02 각 도형에 대한 설명이 맞는 카드를 찾아 ○표 하세요.

4개의 선분으로 둘러싸인 도형은 사각형입니다.	오각형에는 꼭짓점이 5개, 변이 4개 있습니다.	이 도형은 원이 아닙니다.
삼각형, 사각형 중 꼭짓점의 개수가 더 많은 도형은 삼각형입니다.	이 도형은 사각형입니다.	이 도형은 삼각형입니다.
이 도형은 사각형입니다.	사각형과 오각형 중 변의 개수가 더 많은 도형은 오각형입니다.	삼각형은 3개의 꼭짓점과 3개의 변으로 이루어져 있습니다.

2 연 산
덧셈과 뺄셈

마법의 숲으로 간 맥스

 **2**학년 **1**학기 **3**단원 덧셈과 뺄셈

그 날 밤, 맥스의 고양이가
할머니의 부엌에서 장난을 쳤지.
우당탕, 쨍그랑!
와장창, 아이쿠!
부엌은 아수라장이 되고 말았어.
"이 못된 고양이 녀석!"
할머니는 고양이를 내쫓아 버렸어.
맥스가 용서를 구했지만 소용없었지.
화가 난 맥스는 고양이와 함께
마법의 숲으로 떠나 버렸어.

얼마나 걸었을까.

작은 나무 그림자가 숲을 가득 드리울 만큼 커졌어.

맥스는 고양이를 꼭 끌어안았어.

고양이도 벌벌, 맥스도 덜덜 떨었지.

"우리, 춤을 추자!"

맥스는 두려움을 잊기 위해 춤을 추었어.

흔들흔들, 부들부들.

고양이도 함께 춤을 추었지.

한 그루, 두 그루, 세 그루…… 나무는 모두 열여섯 그루였지.

"또 춤을 추자."

맥스는 고양이와 함께 다시 춤을 췄어.

한바탕 춤을 추고 나서 돌아보니,

주위의 나무들이 더 늘어난 느낌이야.

나무를 세었더니, 이게 웬일이야.

나무가 여섯 그루나 더 늘어났지 뭐야.

☆ 열여섯 그루에서 여섯 그루가 늘어나면 몇 그루일까요?

$$16 + 6 = ?$$

1
2
3
4
5

66 이번에는 노래를 부르는 거야.”
맥스는 두려움을 잊기 위해
목청껏 노래를 불렀어.
고양이도 덩달아 노래했지.
노래를 마친 뒤 주위를 둘러보았더니
나무가 줄어들었어.
아깐 분명히 22그루였는데,
9그루가 사라졌지 뭐야.
맥스는 눈을 비비며 중얼거렸지.
“이건 꿈일 거야.”

★ 스물두 그루에서 아홉 그루가 사라지면 몇 그루일까요?

$$22 - 9 = ?$$

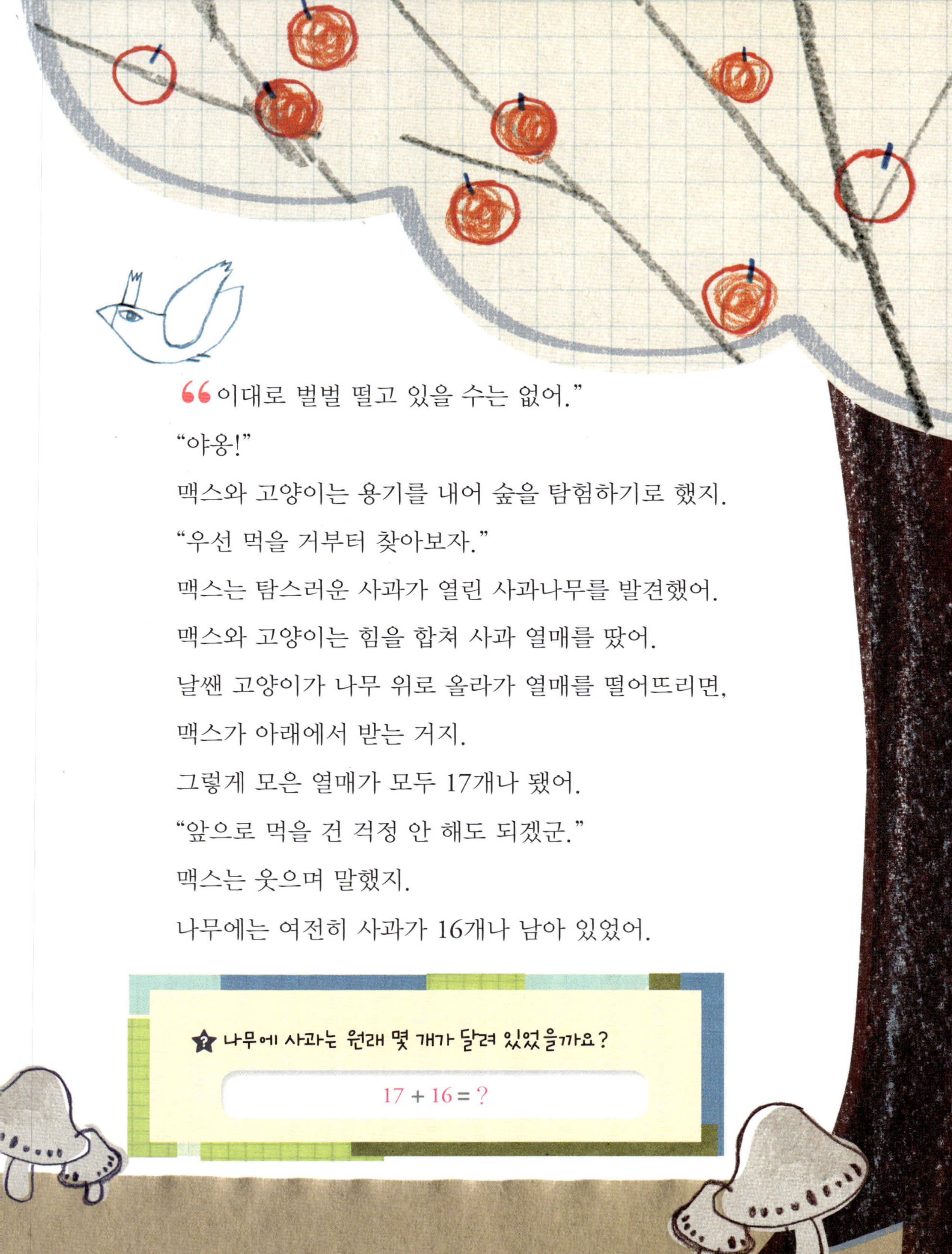

“이대로 벌벌 떨고 있을 수는 없어.”

“야옹!”

맥스와 고양이는 용기를 내어 숲을 탐험하기로 했지.

“우선 먹을 거부터 찾아보자.”

맥스는 탐스러운 사과가 열린 사과나무를 발견했어.

맥스와 고양이는 힘을 합쳐 사과 열매를 땄어.

날쌘 고양이가 나무 위로 올라가 열매를 떨어뜨리면,

맥스가 아래에서 받는 거지.

그렇게 모은 열매가 모두 17개나 됐어.

“앞으로 먹을 건 걱정 안 해도 되겠군.”

맥스는 웃으며 말했지.

나무에는 여전히 사과가 16개나 남아 있었어.

받아올림이 있는 (두 자리 수)+(두 자리 수)
2
받아올림이 있는 (두 자리 수)+(두 자리 수)

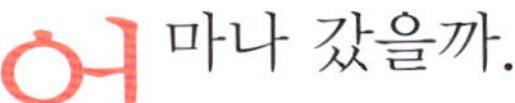

얼마나 갔을까.

숲을 걸어가던 맥스는 괴물들을 만났어.

괴물들은 산딸기가 가득한 과일 바구니를 들고 있었지.

맥스는 괴물들의 산딸기를 바라보며 꿀꺽 침을 삼켰어.

괴물들도 맥스가 든 사과를 보며 꿀꺽 침을 삼켰지.

"나랑 싸우자!"

맥스는 결투를 신청했어.

이긴 쪽에게 과일 열매를 주기로 하는 거였어.

맥스와 괴물들은 나뭇가지를 칼 삼아 챙챙챙!

요란한 칼 싸움을 했지.

"내가 이겼어."

맥스는 30개의 산딸기 열매 가운데

17개를 내놓으라고 했어.

계산을 못한 괴물들이 움찔거렸지.

받아내림이 있는 (몇 십)-(두 자리 수)
2
산딸기 17개 나눠!
30-17 = ?
▽산딸기 30개

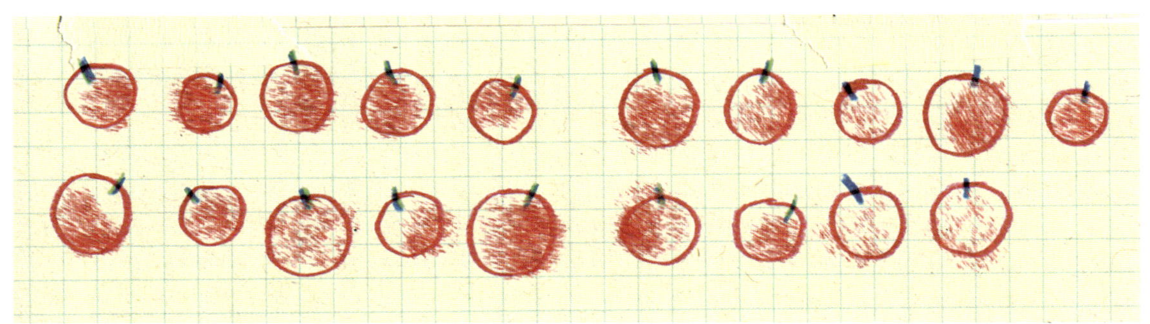

맥스와 고양이는 산딸기를 단숨에 먹어 치웠어.

괴물들은 맥스를 부러운 듯 바라보았지.

"이거라도 먹을래?"

맥스는 괴물들에게 사과를 나눠 주었어.

괴물들이 단숨에 우걱우걱!

사과가 눈 깜짝할 사이에 없어지고 말았어.

괴물들은 아쉬운 표정을 지었지.

"걱정 마, 사과는 많으니까."

맥스는 괴물들에게 사과나무가 있는 곳을 알려 주었어.

그랬더니 괴물들이 쌩 달려가서 사과를 따왔지 뭐야.

괴물들은 맥스에게 공손히 사과를 바쳤어.

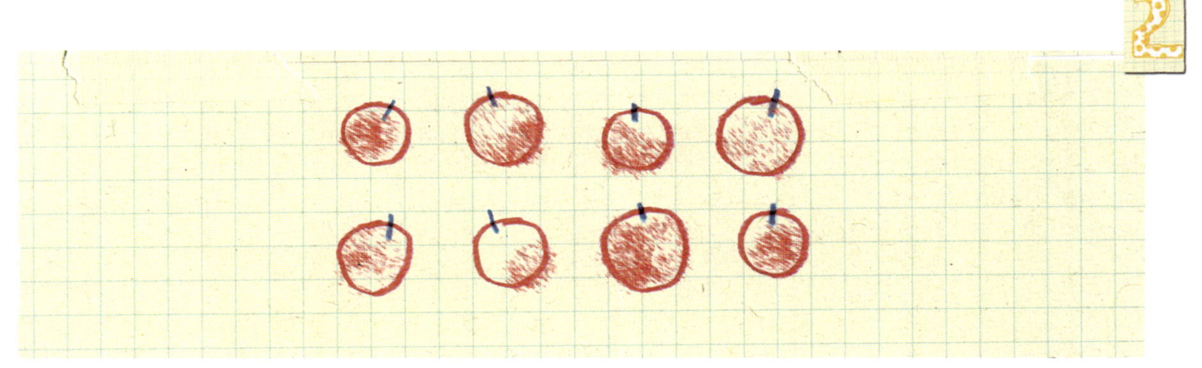

"좋아, 사과가 모두 27개니까,

너희가 19개를 먹을 수 있도록 허락하마."

괴물들은 신 나서 춤을 추었지.

맥스도 함께 춤을 추었지.

고양이도 덩달아 춤을 추었지.

★ 괴물이 먹고 난 뒤 사과는 몇 개가 남았을까요?

$$27 - 19 = ?$$

신이 난 괴물들은 맥스를 괴물 나라로 초대했어.

맥스와 고양이는 어두운 동굴을 가로질러,

구불구불 굽이진 길을 걷고,

첨벙첨벙 물웅덩이를 지나서

괴물 나라에 도착했어.

그런데 괴물 나라에서 큰 소동이 벌어졌지 뭐야.

추장 괴물이 기르던 닭이 모두 36마리였는데,

그중에 몇 마리가 울타리를 뛰어넘어 도망치고,

13마리만 남았대.

괴물들은 닭을 쫓느라고 허둥지둥.

닭들은 부랴부랴 쫓기느라고 꼬꼬댁, 꼬꼬!

잡은 닭을 놓쳤다가, 또 잡고,

쫓던 닭을 잡았다가, 놓치고.

괴물 나라는 아수라장이었지.

"잠깐! 몇 마리가 도망친 건지 알고는 있어?"

맥스의 말에 괴물들이 움찔했어.

"이럴 땐 13 + □ = 36이라는 식을 만들어야 해."

"□를 어떻게 구해?"

"덧셈식을 뺄셈으로 만들면 되지."

맥스는 13+ □ = 36을 뺄셈식으로 만들었어.

"36-13= □ 를 풀면 □ 의 답을 알 수 있지."

$$13 + \boxed{?} = 36$$

마리   마리

$$36 - 13 = \boxed{?}$$

괴물들은 똑똑한 맥스를 왕으로 삼자고 했어.

맥스의 고양이는 국무총리로 삼자고 했지.

고양이는 마음에 드는 듯 "야옹!" 하고 외쳤어.

맥스도 나쁘진 않았지.

괴물들이 맥스에게 선물을 바쳤어.

어떤 괴물은 은덩이 15개를 바쳤고,

어떤 괴물은 금덩이 9개를 바쳤지.

"이 선물이 모두 몇 개지?"

맥스가 묻자 괴물들이 손가락 발가락을

꼼지락거리며 계산했어.

"15에서 1을 빼면 14가 되고,

거기에다 10을 더하면 24가 되는군요."

"난 그렇게 계산하지 않아."

맥스는 15에다가 10을 먼저 더하고, 거기다가 1을 뺐지.

괴물들은 역시 똑똑한 대왕님이라며 박수를 쳤어.

맥스가 대왕이 된 괴물 나라는

외눈박이 괴물, 머리에 뿔이 달린 괴물,

털북숭이 괴물, 눈이 세 개인 괴물 등 온갖 괴물들이

모여 사는 나라였지.

맥스는 괴물들의 대접을 받으며 편안한 날들을 보냈어.

하루는 외눈박이 괴물과 털북숭이 괴물이 찾아왔어.

"대왕님, 우릴 좀 도와주세요."

외눈박이 괴물이 털북숭이 괴물에게

감자를 빌려 줬는데,

몇 개를 빌려 줬는지 잊어버렸다는 거야.

"원래 우리 집엔 감자가 27개 있었는데,

몇 개를 빌려 주고 나니까 남은 게 11개 밖에 없지 뭐예요."

"나도 몇 개를 빌려 갔는지 잊어버렸어."

"그러니까 감자 27개를 몽땅 갚으라고!"

"싫어, 그럴 순 없어!"

괴물들은 서로 아옹다옹하며 싸웠어.

★ 털북숭이 괴물이 빌려 간 감자는 몇 개일까요?

얼마나 빌려간 걸까?

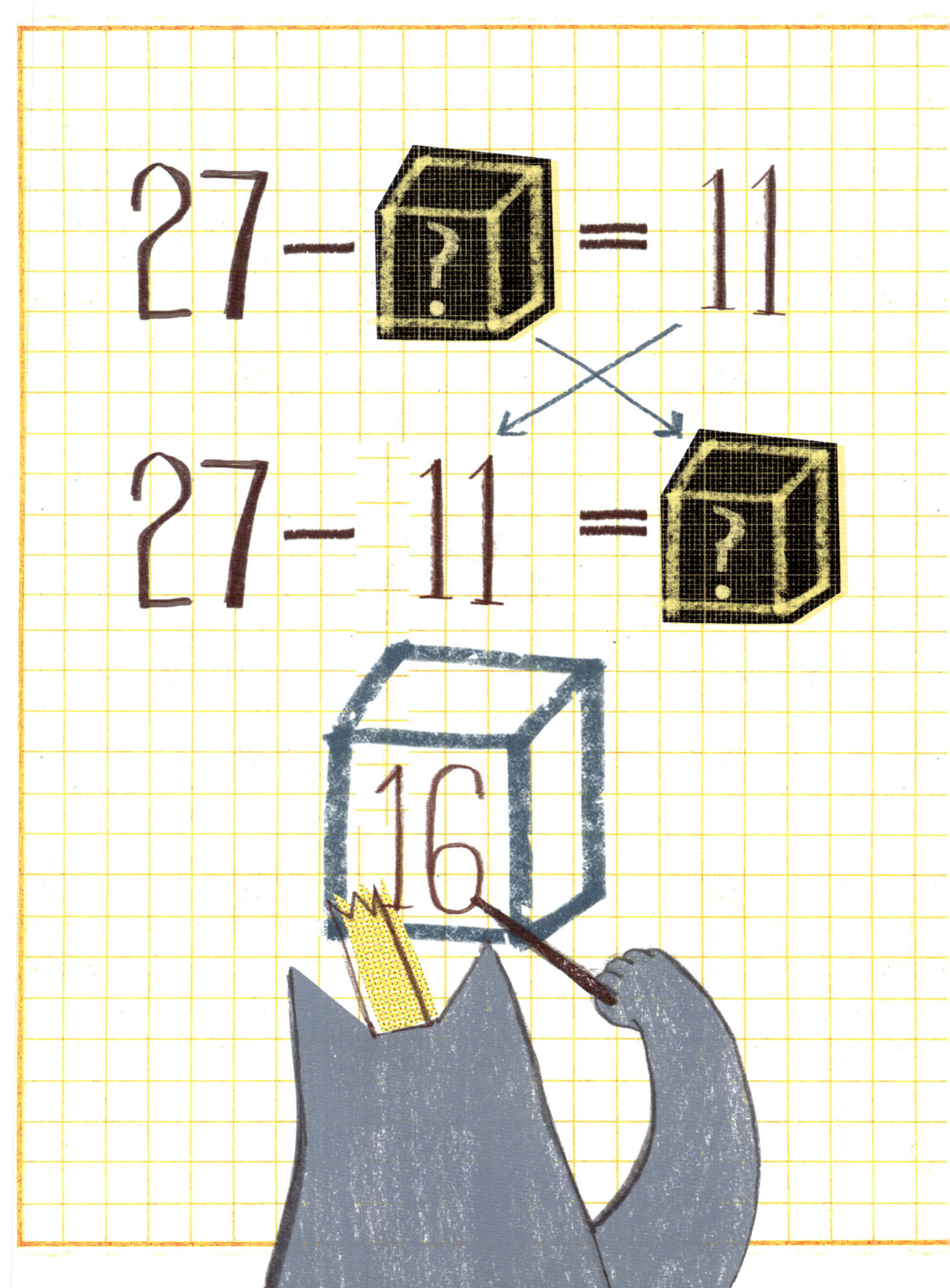

27 - ? = 11
27 - 11 = ?
16

맥스는 간단히 대답했지.

"그건 □를 이용하면 금세 알 수 있어."

맥스는 바닥에 '27− □ =11'이라고 썼어.

"□가 뭔지 모르는데 어떻게 뺄셈을 해요?"

괴물들은 눈을 껌뻑거렸지.

맥스는 원래 수에다가 정답을 빼 보라고 했어.

그랬더니, 16이란 수가 나왔지.

괴물들은 대신에 16을 쓰고서

뺄셈을 해 보았어.

그랬더니 27−16=11이 되었지 뭐야.

"역시 대왕님은 똑똑해!"

괴물들은 맥스를 향해 넙죽 큰 절을 했지.

맥스는 고양이를 데리고 괴물 나라를 산책했어.

맥스를 본 괴물들이 넙죽넙죽 인사를 했지.

"오냐, 오냐."

맥스는 거들먹거리며 걸었어.

그런데 뿔이 달린 괴물이 허둥지둥 달려오더니,

맥스에게 도와 달라지 뭐야.

괴물 농장의 동물들이 또 도망을 쳤다는 거야.

"오리와 닭이 모두 19마리가 있었는데,

12마리 닭들이 모두 도망을 쳐 버렸어요.

그런데 들판에서 놀던 양 13마리가 돌아왔지요."

뿔이 달린 괴물은 동물이 모두 몇 마리나 남았느냐고 물었어.

"19−12+13=?"

거기까지는 알겠는데, 그 다음에 맥스는 우물쭈물했지.

"19−12+13=? 12+13을 먼저 하나? 19−12를 먼저 하나?"

맥스는 계산을 하지 못했어.

그러자 뿔이 달린 괴물이 실망한 듯 말했어.

"대왕님도 모르는 게 있군요."

"아냐, 그렇지 않아."

맥스는 빨리 계산을 해 보려고 했지.

하지만 자꾸만 숫자들이 자꾸 꼬이면서

머리가 빙글빙글 계산이 헷갈리는 거야.

이 일을 어쩌면 좋지? 맥스의 이마 위로 식은땀이 흘렀어.

세 수의 혼합 계산
2

맥스는 더 이상 괴물 나라에 있기가 싫어졌어.
할머니도 보고 싶고, 친구들도 그리워졌지.
고양이도 마찬가지였어.
"난 이제 떠날래."
맥스는 마법의 숲으로 돌아가겠다고 했어.
그랬더니 이게 웬일이야.
"절대 그럴 순 없어!"
온순하던 괴물들이 성이 나서 난폭하게 날뛰지 뭐야.
"안 되겠다. 모두 잠이 들면 몰래 도망쳐야겠어."
맥스는 외눈박이 괴물 12마리가
눈을 감고 소록소록 잠들 때까지 기다렸어.
맥스는 또 뿔이 달린 괴물 14마리가
코를 골며 드르렁드르렁 잠들 때까지 기다렸지.
그리고 털북숭이 괴물 10마리가
콧김을 내뿜으며 푸후푸후 잠들 때까지도 기다렸단다.
마침내 괴물들이 모두 잠이 들었어.

외눈박이 12마리,
뿔 괴물 14마리,
털북숭이 10마리가 모두 잠들었으니까
12+14+10은 36이야.
괴물 나라에 사는 괴물들이 모두 잠이 든 거지.
"안녕!"
맥스는 살금살금 괴물 나라를 빠져나왔어.
고양이도 살금살금 뒤따라 왔지.

덧셈을 할 때 일의 자리의 합이 10을 넘는 경우에는 받아올림을 해야 해요. '18 + 5'와 같이 일의 자리끼리 더해서 10이 넘는다면 십의 자리에 1을 더해 주고 남는 수만 일의 자리에 써 주어야 해요.

뺄셈을 할 때 일의 자리끼리 뺄 수가 없는 경우에는 어떻게 해야 할까요? '13 − 6'과 같이 뺄셈을 해야 하는데 일의 자리끼리 뺄 수 없는 경우에는 받아 내림을 해 주어야 한답니다. 받아내림은 일의 자리끼리 뺄 수 없을 때 10의 자리에서 1개를 빌려와 낱개 10개로 바꾸어 빼 주는 것을 말한답니다. 십 모형 1개를 낱개 10개로 바꾸면 총 낱개 모형이 13개가 되므로 6을 뺄 수 있어요.

덧셈과 뺄셈을 할 때 '어떤 수'가 나올 때에는 □ 를 이용해서 나타낼 수 있어요. '몇을 더했더니', '몇을 더 넣었더니'와 같은 문장이 나오면 □ 를 사용한 덧셈식으로 나타낼 수 있지요. '몇을 뺐더니', '몇 개를 덜어 냈더니'와 같은 문장이 나오면 □ 를 사용한 뺄셈식으로 나타낼 수 있답니다.

□ 의 값을 구할 때는 덧셈식과 뺄셈식의 관계를 이용하여 구할 수 있어요.

$$☆ + ◎ = ◇ \qquad ☆ + ◎ = ◇ \qquad ○ - □ = △ \qquad ○ - □ = △$$

$$◇ - ◎ = ☆ \qquad ◇ - ☆ = ◎ \qquad □ + △ = ○ \qquad △ + □ = ○$$

세 수를 계산할 때는 차례대로 계산하는 것이 좋아요. 세 수의 덧셈의 경우에는 순서를 바꾸어 계산해도 결과가 같지만 세 수의 덧셈과 뺄셈이 섞여 있는 식이나 세 수의 뺄셈은 꼭 앞에서부터 해 주어야 한답니다.

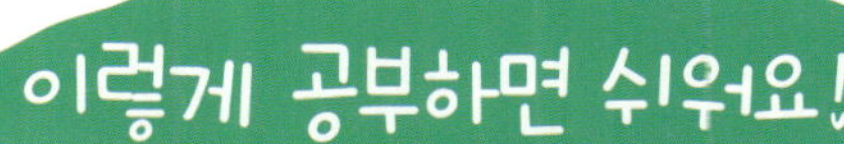

　받아올림이 있는 덧셈인 17 + 6을 계산해 볼까요? 17은 낱개 모형 10개가 모인 십 모형이 1개, 낱개 모형은 7개예요. 6은 낱개 모형이 6개랍니다. 낱개 모형끼리 더해 준다면 낱개 모형이 13개가 되지요. 낱개 모형 10개는 무엇으로 바꿔 줄 수 있을까요? 십 모형 하나로 바꾸어 줄 수 있지요. 그렇다면 십 모형은 2개가 되고 낱개 모형은 3개가 되지요. 따라서 계산 결과는 23이 된답니다.

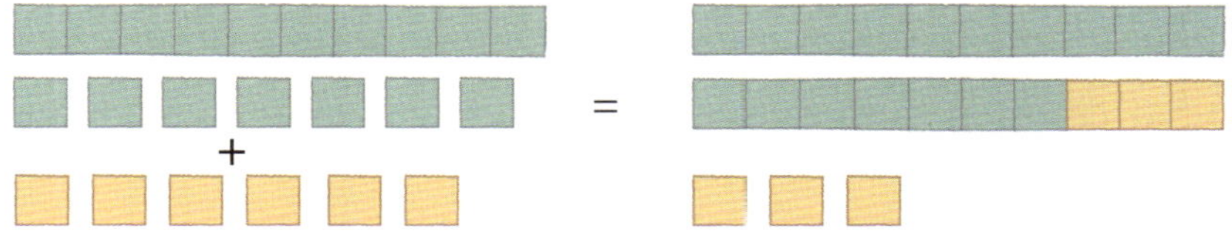

　받아내림이 있는 뺄셈인 12 − 7을 계산해 봅시다. 12는 십 모형 1개와 낱개 모형 2개로 이루어져 있어요. 7은 낱개 모형 7개로 이루어져있지요. 낱개 모형끼리 빼야 하지만 낱개 모형 2개에서 7개를 뺄 수 없답니다. 그러면 어떻게 하는 것이 좋을까요? 십 모형을 낱개 모형으로 바꿔 주면 되지요. 십 모형 하나를 빌려와서 낱개 모형 10개로 바꿔 주면 낱개 모형이 총 12개가 되지요. 그렇게 되면 낱개 모형 7개를 뺄 수 있어요. 낱개 모형이 5개가 남으므로 계산 결과는 5라고 할 수 있어요.

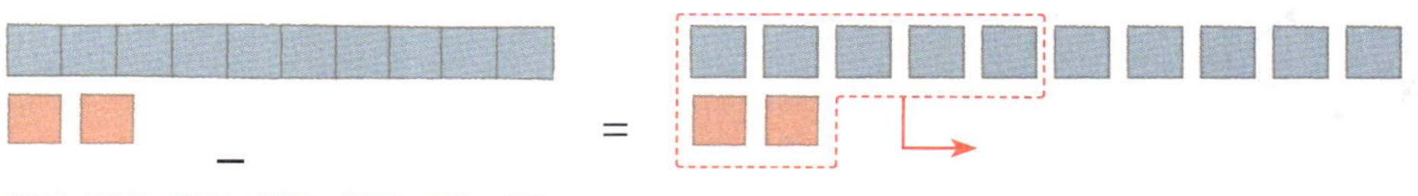

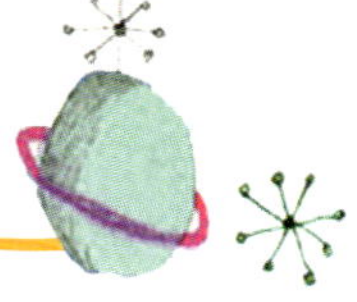

개념 문제로 사고력을 키워요

 37 + 5를 수 모형으로 계산하세요.

$$37 + 5 = \boxed{}$$

 **어떻게 풀까요?**

일의 자리 수끼리 더하면 7 + 5 = 12가 되지요. 10을 받아 올림하여 십의 자리 위에 작게 1이라고 표시해 주고 2는 일의 자리에 써 주세요. 십의 자리에는 받아 올림한 1과 3을 더하여 4를 써 줍니다. 따라서 답은 42가 되지요.

01 다음 그림의 수 모형을 보고 뺄셈을 하세요.

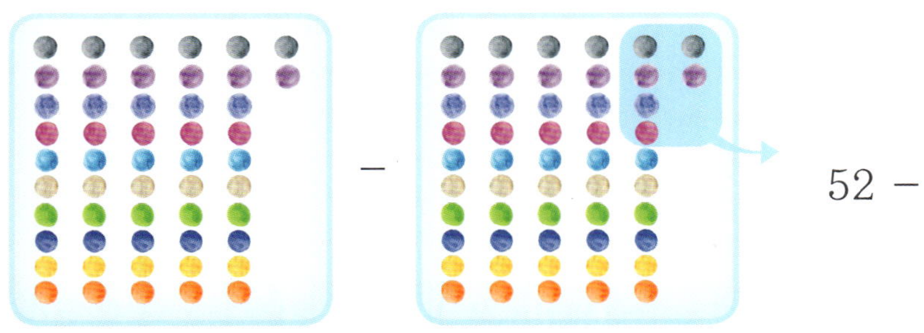

$$52 - 6 = \boxed{}$$

02 영하네 어머니는 올해 나이가 39살이십니다. 영하네 할머니는 영하네 어머니보다 23살이 많으십니다. 영하네 할머니가 올해 몇 살이신지 식을 쓰고 답을 구하세요.

식 : ________________________________ 답 : (   )

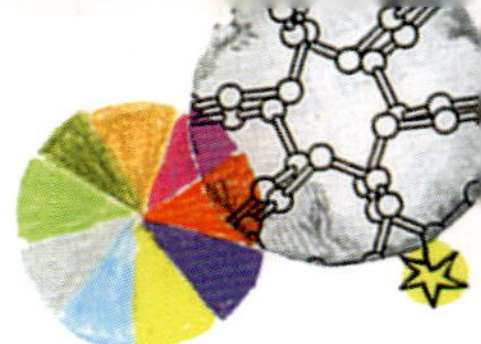

 다음 덧셈식을 보고, 뺄셈식을 2개 만들어 보세요.

$$34 + 18 = 52$$

□ − □ = □

□ − □ = □

뺄셈식은 전체에서 일부분을 빼는 것이지요. 그렇기 때문에 덧셈식을 뺄셈식으로 만들기 위해서는 덧셈식의 계산 결과를 뺄셈식에서 맨 앞, 빼어지는 수 자리에 써 주어야 해요. 따라서 식은 '52 − □ = □'의 형태가 되어야 해요. 그리고 더해지는 수와 더하는 수는 그 뒤의 어느 자리에 위치해도 된답니다. 덧셈식의 세 수는 뺄셈식에서도 모두 쓰여야 해요. 따라서 '52 − 18 = 34', '52 − 34 = 18'으로 바꿀 수 있어요.

03 다음 뺄셈식을 보고, 덧셈식을 2개 만들어 보세요.

$$43 − 17 = 26$$

□ + □ = □

□ + □ = □

04 영진이네 집에는 지난달까지 43권의 동화책이 있었습니다. 어머니께서 이번 달에 선물로 29권을 더 사 주셨고, 읽지 않는 15권의 책은 옆집 동생에게 주었습니다. 영진이네 집에 남은 책은 모두 몇 권인지 식을 쓰고 답을 구하세요.

식 : ________________________________   답 : (   )

01 다음을 계산하여 같은 답이 나오는 글자끼리 모아주세요. 순서대로 쓰면 단어가 완성됩니다.

$48 + 27 =$ ☐ 수 $35 + 28 =$ ☐ 정

$73 - 16 =$ ☐ 행 $84 - 29 =$ ☐ 동

$29 + 28 =$ ☐ 복 $38 + 23 =$ ☐ 어

$61 - 16 =$ ☐ 작 $72 - 29 =$ ☐ 함

(　　　　　　　　　)

02 준서는 강 건너 지민이네 집에 놀러 가려고 합니다. 지민이네 집까지 가려면 어떤 징검다리를 건너야 할까요?

3 측정
길이 재기

쑥쑥 자라라, 요술 부채

 **2**학년 **1**학기 **4**단원 길이 재기

1 직접 비교와 매개물을 이용한 간접 비교의 장단점 알기

2 신체를 임의 단위로 사용하여 길이재기

3 물건을 임의 단위로 사용하여 길이재기

4 임의 단위의 불편함을 알고 보편 단위의 필요성 이해하기

5 1cm를 알고 '자'의 눈금 바르게 읽기

6 '자'의 바른 사용법을 알고 길이재기

7 길이를 어림하고 확인하여 길이에 대한 양감 기르기

릿느릿, 터덜터덜.
나무꾼 할아버지가 길을 가고 있었어.
할아버지는 콧노래를 부르며 길을 걸어갔지.
그런데 길 위에 빨간 부채 하나가 놓여 있네.
할아버지는 냉큼 부채를 주워 들었지.
비단으로 만든 빨간 부채였어.
"누가 이런 걸 여기다 흘렸담."
할아버지는 부채를 주워 들고 또 길을 걸었어.
그러다가 파란 부채 하나를 줍게 됐지.
할아버지는 빨간 부채, 파란 부채를 들고서
졸래졸래 집으로 갔어.

3

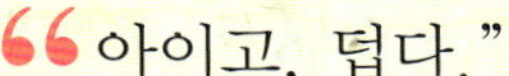

"아이고, 덥다."
집에 돌아온 할아버지는 대청마루에 앉아 부채질을 했지.
빨간 부채를 살살 흔들었더니,
바람이 솔솔 불어왔어.
"시원하다!"
할아버지는 땀이 찬 발가락에다 대고
바람을 솔솔 일으켰어.
"으, 시원하다!"

그런데 가만, 부채질을 하던 할아버지는
뭔가 이상하단 생각이 들었어.
발이 좀 커진 것 같더란 말이지.
짚신을 신었더니 작아서 들어가질 않는 거야.
"여보, 마누라. 내 발이 좀 커진 것 같지 않소?"
"커진 것 같기도 하고…… 잘 모르겠소."
할머니가 갸우뚱했어.

할아버진 다시 대청마루에 누워서

다리에다 부채질을 했지.

그랬더니 이번에는 다리가 좀 길어진 것 같아.

바지가 짧아져서 발목이 다 드러나더란 말이지.

"여보, 마누라. 내 키가 좀 커진 것 같지 않소?"

"커진 것 같기도 하고…… 잘 모르겠소."

할머니가 또 갸우뚱했어.

할아버지가 이번에는 왼쪽 겨드랑이에다 대고

소올솔 부채질을 했어.

그랬더니 뭔가 이상해.

팔이 쑥 길어진 느낌이야.

소매가 훨씬 짧아져 있었거든,

"이상하다, 분명 발도 커지고 다리도 길어지고

팔도 길어진 것 같은데."

직접 비고와 매개물을 이용한 간접 비교의 장단점 알기

2 mm (230 × 150)

할아버지는 이웃집 영감을 찾아갔어.

"내 왼쪽 팔이 좀 늘어난 것 같지 않아?"

"재어 보면 알지."

이웃집 영감이 손으로 팔 길이를 재 보았어.

"네 뼘이네."

'길이를 뼘으로 재어 보면 되겠구나.'

생각한 할아버지는 손가락을 쫙 펼쳐서

팔 길이를 뼘으로 재어 보았지.

그랬더니 이번에는 세 뼘이 나왔네.

"이번에는 세 뼘이야."

"그새 길이가 줄어들었나?"

영감이 팔 길이를 다시 재어 보았어.

그랬더니 이번에는 다시 네 뼘이 되지 뭐야.

"자네 팔이 늘었다, 줄었다 하나 봐."

"이건 심각한 병일 거야! 어서 약방으로 가세나!"

할아버지는 동네 의원을 찾아갔어.

"내 왼쪽 팔 길이가 늘었다, 줄었다 하오."

할아버지는 그동안 있었던 일을 설명했지.

"어디 한번 길이를 재어 봅시다."

의원은 붓을 이용해서 할아버지의 팔 길이를 재어 보았어.

"내가 재어 보니 붓으로 3번이로군."

의원은 조수에게 일러서 오른쪽 팔 길이도 재어 보라고 했지.

"이건 심각한 병일 거야! 어서 약방으로 가세나!"

조수는 새끼줄 한 마디를 들고 와서

길이를 재어 보았어.

"여기는 새끼줄로 3번입니다."

"이쪽은 붓으로 3번, 저쪽은 새끼줄로 3번.

팔 길이는 같은 거로군."

의원의 말에 할아버지는 고개를 갸웃했지.

"참말 양쪽 팔의 길이가 같다고?"

"물론이지. 방금 정확하게 재어 보지 않았나."

의원은 자신 있게 말했어.

할아버지는 고개를 갸웃거렸지.

북
동
서
남
여기까지 100 걸음
다시 50 걸음
어디있지?

3

할아버지가 고개를 이리 갸우뚱 저리 갸우뚱하고 있는데

할머니가 장에 가서 새 짚신을 사 오라고 부탁했어.

"장터까지는 거리가 얼마나 되는데?"

할아버지가 시큰둥하게 물었지.

"좀 멀다오. 내 걸음으로 동쪽으로 백 걸음이오."

"다녀옴세."

할아버지는 동쪽을 향해 백 걸음을 걸었어.

그런데 장터가 보이질 않는 거야.

할아버지는 지나가는 나그네에게 장터가 어디냐고 물었지.

"반대로 오십 걸음쯤 가면 될 것이오."

할아버지는 길을 갔어.

그래도 장터가 보이질 않는 거야.

결국 할아버지는 빈손으로 집을 향하 갔지.

집으로 터덜터덜 걸어가던 할아버지는
길에서 이상한 막대기를 하나 발견했지.
기다란 막대기에는 일정한 간격으로 눈금이
새겨져 있었어.
"이것이 무엇일까."
막대기를 살펴보니 '자'라고 쓰여 있었어.
할아버지는 자를 들고 다니며 길이를 재어 보았지.
"뭐하시오?"
그 모습을 본 할머니가 물었어.

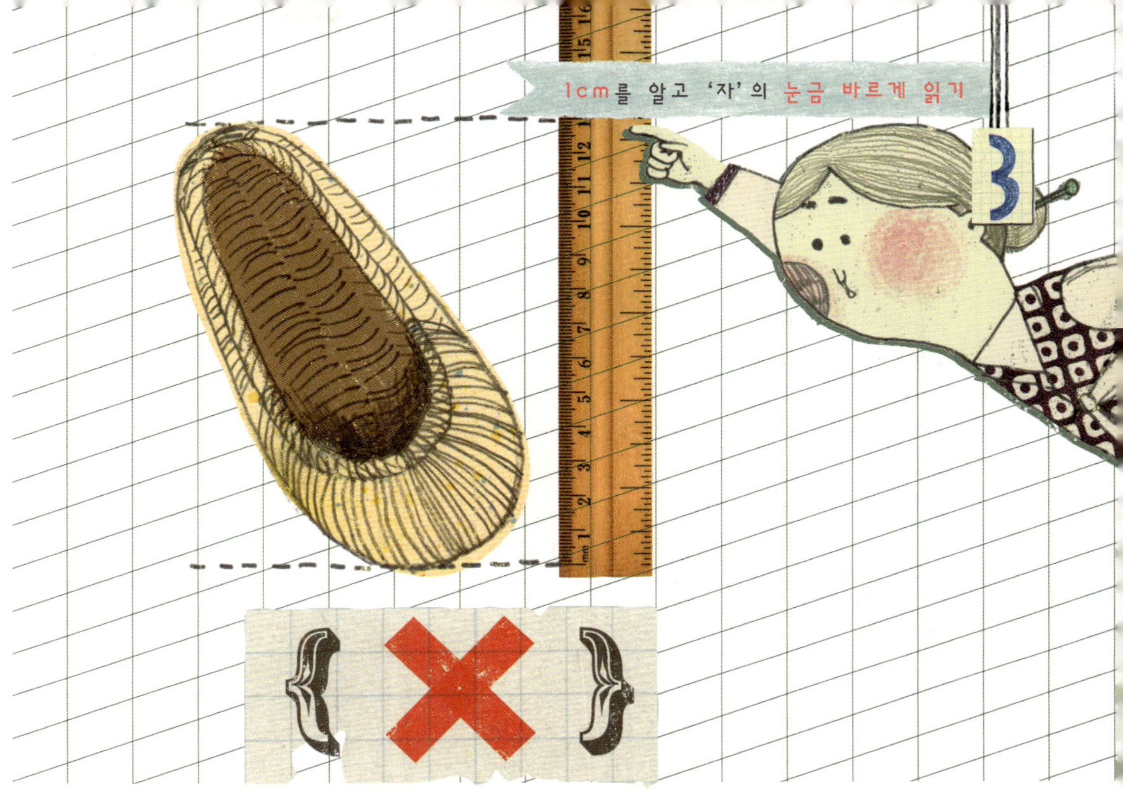

"이것이 '자'라는 것인데, 참 신통방통하다오.

길이를 잴 수가 있어."

할아버지는 짚신의 길이를 재어 보니,

눈금 14개가 되었다며 자랑했지.

할머니도 길이를 재어 보았어.

"내가 재니 눈금이 13이요."

"이상하다, 똑같은 자로 길이를 재었는데

서로 잰 길이가 다르다니!"

할아버지는 자로 길이를 재는 재미에 푹 빠졌어.

여기저기 길이를 잴 만한 것은

모조리 재어 보았지.

"오호라, 이 나뭇잎의 길이는 눈금 5개로구나."

"이런, 이 나뭇잎의 길이는 눈금이 3개 밖에 안 돼."

할아버지가 이것저것 길이를 재고 있을 때였어.

이웃집 영감이 서빙고에서 얼음 하나를

가져오는 모습이 보였지.

"잠깐, 잠깐!"

할아버지는 이웃집 영감을 불렀어.

"그 얼음 속에 나뭇잎이 들었네."

"그렇군."

"얼음 속에 든 나뭇잎은 어떻게 길이를 재어야 할까?"

할아버지는 고개를 갸웃갸웃하며 궁리했지.

할아버지는 뉘엿뉘엿 해질녘이 되어서야
집으로 돌아왔지.
"이제 오셨소?"
할머니가 대청마루에 누워 부채질을 하다 말고
할아버지를 향해 인사했어.
"에구머니!"
순간, 할아버지의 눈이 휘둥그레졌어.
할머니의 코가 엄청나게 길어져 있었던 거야.
"할멈, 할멈, 이게 웬일이오!"

할아버지는 얼른 자를 꺼내 들고

할머니의 코 길이를 재어 봤어.

"글쎄, 할멈의 코가 자 눈금으로 30은 족히 된다오."

"에이, 말도 안 되는 소리. 이리 내 보시오."

할머니가 자로 길이를 재어 보았어.

그랬더니 눈금이 32나 되었지.

"아이고, 이게 웬 일이야."

"우리 할멈은 이제 어떡하나!"

할아버지와 할머니는 발을 동동 굴렀어.

코가 길어진 할머니는
놀라고 당황해서 땀을 뻘뻘 흘렸어.
할아버지는 할머니를 위해
부채를 계속해서 부쳤지.
그랬더니 코가 자꾸만 길어졌어.
'가만, 이 부채를 부쳤더니 코가 점점 더 길어지네.'
"아이고, 나 죽네!"
할머니는 처마 끝까지 치솟은
코를 움켜잡고 뎅굴뎅굴 나뒹굴었어.
"할멈, 잠깐만 기다리시오."
할아버지는 두리번거리다가
파란 부채를 집어 들었어.
할아버지는 파란 부채를 솔솔 부쳐 보았어.
그랬더니 할머니의 코가 쏙쏙 줄어들기 시작했어.
간신히 코가 원래대로 돌아온
할머니는 깊은 숨을 내쉬었지.
"휴, 큰일 날 뻔했소."

3

'옳거니, 이것이 요술 부채로구나!'
할아버지는 빨간 부채를 부치면 길이가 늘어나고,
파란 부채를 부치면 길이가 줄어든다는 걸 깨달았어.
이때부터 할아버진 어딜 가든
빨간 부채랑 파란 부채를 들고 다녔지.

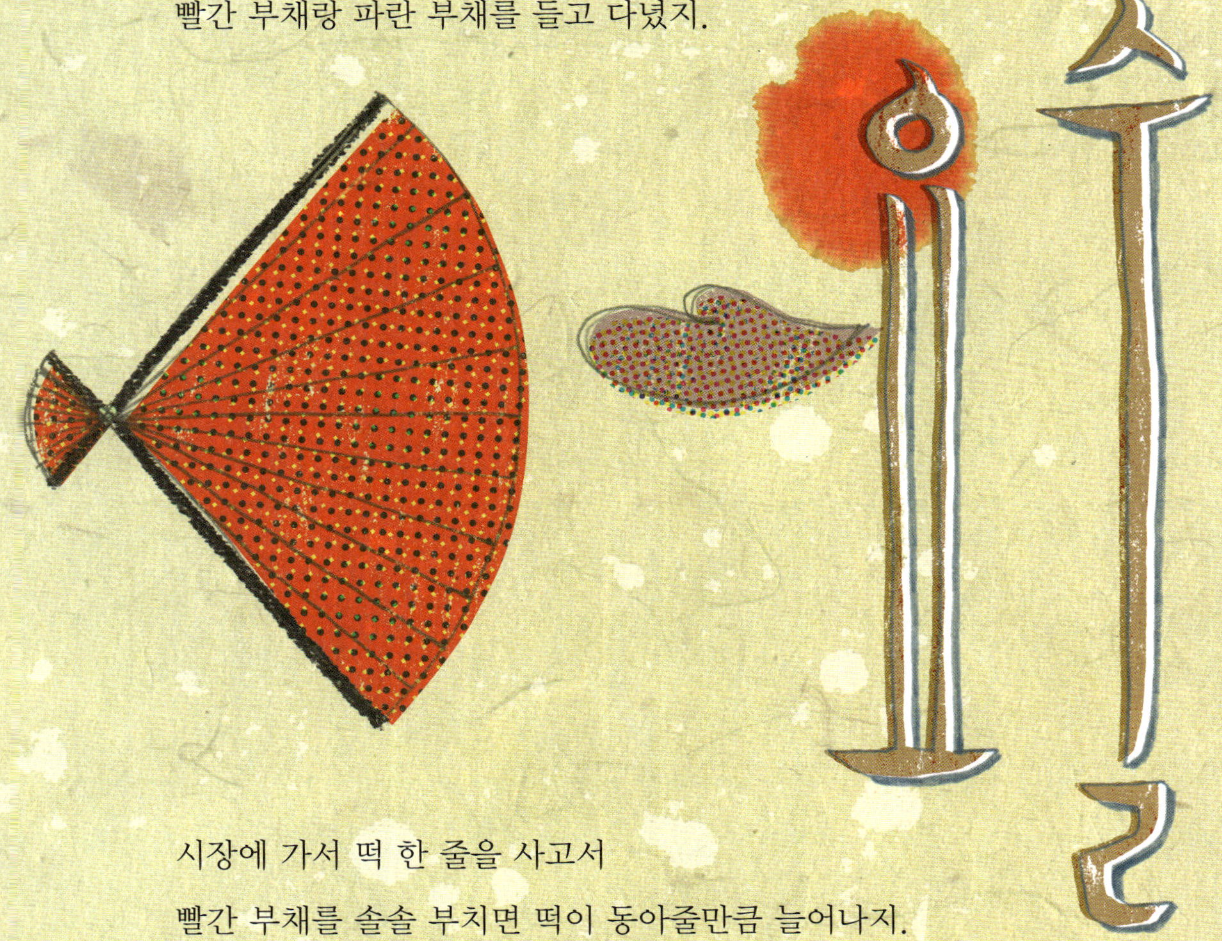

시장에 가서 떡 한 줄을 사고서
빨간 부채를 솔솔 부치면 떡이 동아줄만큼 늘어나지.
우물가에서도 이보다 편할 수가 없어.
두레박을 풍덩 던져 놓고서 파란 부채를 솔솔 부치면
줄이 쑥쑥 짧아지면서 저절로 물을 길을 수 있네.

나무 꼭대기에 매달린 열매를

따 먹고 싶을 때

빨간 부채를 부치면 다리가 늘어나지.

높이가 낮은 문을 지날 때는 파란 부채를 부치면 되지.

부채

"하이고, 참말 편하다."

할아버지는 날마다 좋아서 싱글벙글했지.

　길이를 비교하는 방법은 여러 가지가 있어요. 가장 쉽게 할 수 있는 방법은 직접 맞대어서 비교하는 것이지요. 직접 길이를 비교할 때는 한쪽 끝을 맞추어 대고 다른 쪽 끝을 비교하여 길이를 알 수 있답니다. 직접 맞대어 비교하기 어려운 경우에는 다른 물건을 사용하여 길이를 비교해 볼 수 있답니다. 물건의 길이에 따라 끈, 나무젓가락, 막대 같은 것을 이용하여 길이를 비교해 볼 수 있어요.

　우리 몸이나 다른 물건을 이용하여 길이를 잴 수도 있답니다. 손, 엄지손가락, 팔 길이, 클립, 지우개 등을 이용하여 길이를 재어 볼 수 있어요. 길이를 잴 때 기준이 되는 손, 엄지손가락, 클립 등을 단위 길이라고 한답니다.

　하지만 단위 길이를 이용하여 길이를 비교하는 것은 불편함이 있답니다. 무엇일까요? 단위 길이가 달라지면 길이가 달라진다는 것이에요. 예를 들어, 긴 지우개를 이용하여 연필의 길이를 잴 때는 3번이지만 짧은 클립으로 잴 때는 5번이 나올 수 있어요. 이렇게 사람마다 단위 길이가 다르면 불편하답니다.

　이러한 불편함을 없애고 정확한 길이를 재기 위해서 우리는 자를 사용하지요. 자의 눈금의 단위는 1cm가 기본이랍니다.

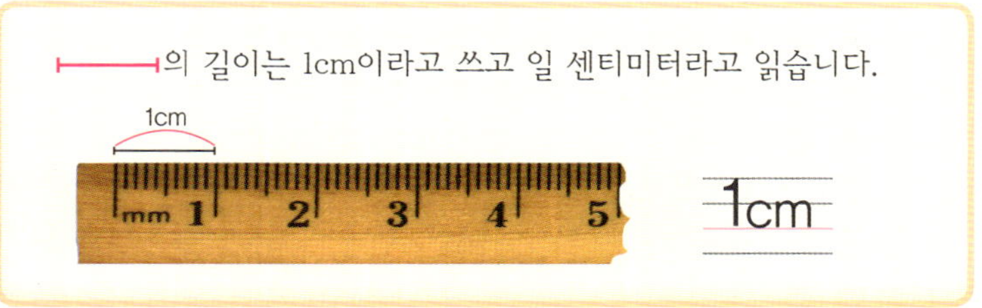

　자를 이용해 물건을 잴 때 기본 단위는 1cm랍니다. 자로 물건을 잴 때는 물건의 왼쪽 끝을 자의 눈금 0에 맞추어야 합니다. 자와 물건을 나란히 놓은 후에 물건의 오른쪽 끝에 닿은 숫자를 읽으면 그 물건의 길이를 알 수 있지요. 간혹 물건 왼쪽 끝을 자의 0 눈금이 아닌 자의 끝에 대는 친구들이 있어요. 실수하지 않도록 꼭 조심해야 해요.

　1cm가 ☆번이면 ☆cm라고 말할 수 있지요. 다시 말해서, 7cm는 1cm가 7번이라는 것을 뜻해요.

　자가 없을 때는 길이를 어떻게 알 수 있을까요? 정확한 길이를 알기는 어렵지만 어림하여 길이를 구할 수 있어요. 어느 정도 되는가를 눈대중으로 알아보는 거지요. 어림한 길이를 말할 때는 '약 ☆cm'라고 표현할 수 있어요. 우리 주변에서 볼 수 있는 많은 물건들을 어림하여 보고 내가 어림한 길이가 맞는지 자로 재어 보는 연습을 하면 어림하기 실력이 쑥쑥 늘어날 거예요. 우리가 이미 알고 있는 길이를 이용하여 어림한 다음 실제 길이와 얼마나 차이가 나는지 연습해 보세요.

개념문제 다음 중 코가 가장 긴 피노키오를 찾으세요.

( )

어떻게 풀까요?

여러 가지 길이를 비교할 때는 한쪽 끝을 맞추고 다른 끝의 길이를 비교하여 보면 쉽게 알 수 있어요. 직접 대어 보기 힘들 때는 눈대중으로 알아보거나 막대, 종이테이프 등을 사용하여 비교할 수도 있지요. ㉢ 피노키오가 코가 가장 길어요.

---

01 준석이는 친구네 집에 놀러 가려고 합니다. 준석이네 집에서 가장 가까운 친구네는 어디입니까?

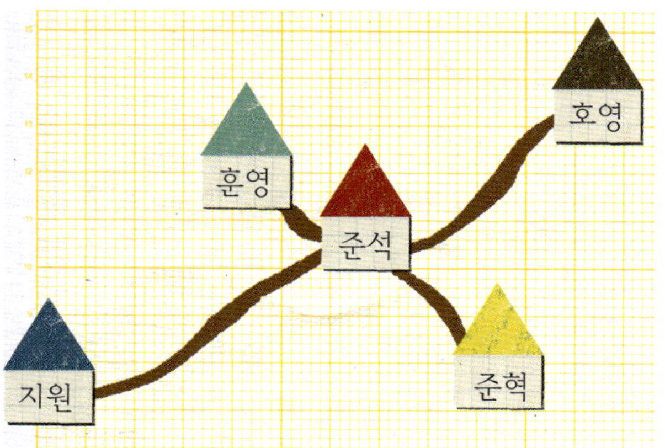

02 진선이와 진미는 새로 산 필통의 길이를 각자 다른 물건으로 재 보았습니다. 필통의 길이는 각 단위 길이로 몇 번인지 재어 보세요.

필통의 길이는

(1) 지우개로 ( ) 번

(2) 클립으로 ( ) 번

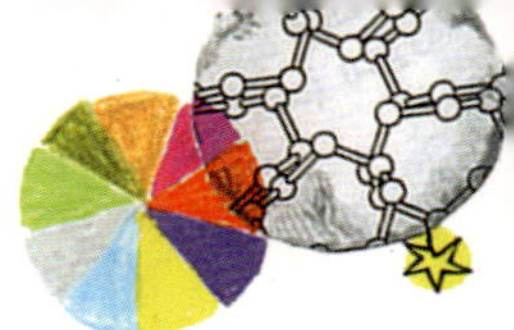

개념문제 연필의 길이는 몇 cm 입니까?

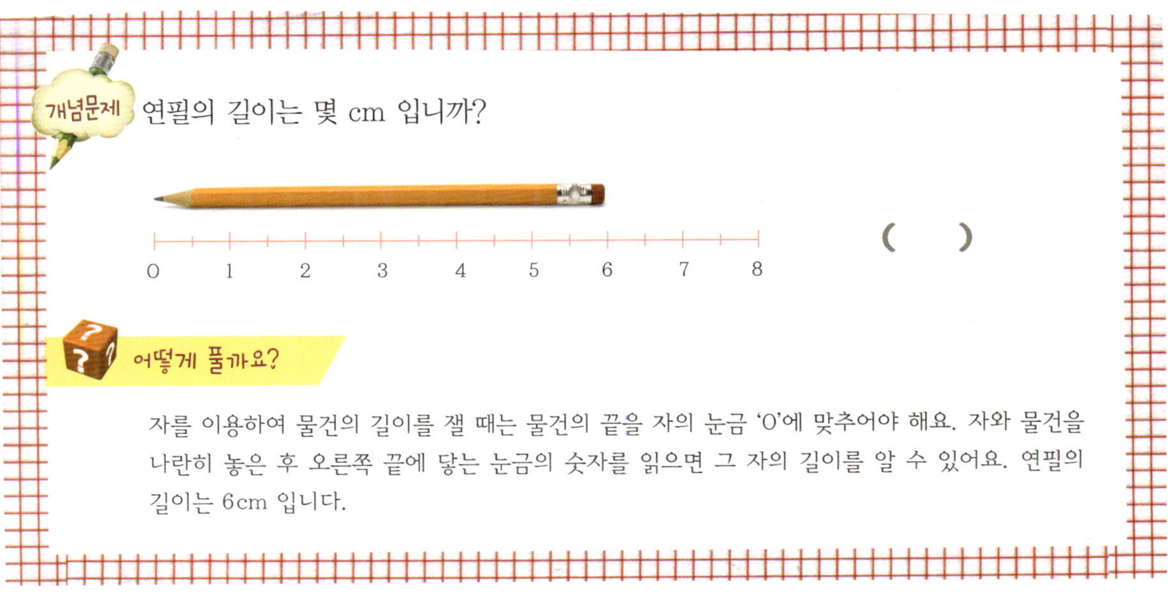

(   )

어떻게 풀까요?

자를 이용하여 물건의 길이를 잴 때는 물건의 끝을 자의 눈금 '0'에 맞추어야 해요. 자와 물건을 나란히 놓은 후 오른쪽 끝에 닿는 눈금의 숫자를 읽으면 그 자의 길이를 알 수 있어요. 연필의 길이는 6cm 입니다.

03 카드의 긴 쪽과 짧은 쪽의 길이를 재어 보세요.

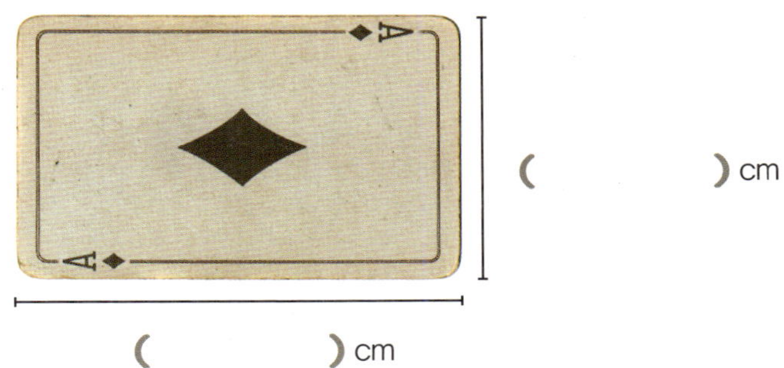

(   ) cm

(   ) cm

04 할아버지는 나뭇잎의 길이가 5cm라는 것을 알았습니다. 나뭇잎을 이용하여 나뭇가지의 길이를 어림하고 자를 이용하여 재어 보세요.

● 어림한 길이 (   ) cm

● 자로 잰 길이 (   ) cm

01 내 손으로 다른 물건의 길이를 어림을 하기 위해서는 내 손의 길이가 어느 정도 되는지 알아보아야 합니다. 내 손바닥을 그려 내 손의 길이를 재어 봅시다. 길이는 가운데 손가락 제일 높은 부분부터 손바닥 제일 밑부분까지 길이를 재야 해요.

02 내 손바닥 길이를 이용하여 우리 집에 있는 물건 중 어림하여 길이가 약 10cm인 것을
5가지만 찾아보세요. 그리고 그 물건의 길이를 직접 재어 보세요.

물 건	길 이
	cm
	cm
	cm
	cm
	cm

03 이번에는 어림하여 길이가 약 30cm가 되는 물건을 3개 찾고 그 길이를 재어 보세요.

물 건	길 이
	cm
	cm
	cm

4 분류

분류하기

과자 나라에서 생긴 일

 **2**학년 **1**학기 **5**단원 분류하기

1 정해진 기준에 따라 분류하기

2 자신이 정한 기준에 따라 분류하기

3 분류 기준에 따라 분류한 후 각각의 개수 세기

4 기준에 따른 결과 이야기하기

어느 한적한 시골 마을,
평화로운 들판 한가운데
동그란 점이 생겼어요.
점은 점점 커지더니,
아주아주 커다란 동그라미 구멍이 됐어요.
재미와 마을 아이들은 점을 구경하려고
우르르 들판으로 몰려갔지요.
"이게 뭐지?"
"블랙홀 같은 걸까?"
"아니면 우주에서 날아온 돌덩어리?"
"신기한 나라로 가는 문일지도 몰라!"
아이들은 고민했어요.
그때였어요.
바람이 쑥 불어오는 통에
아이들이 우르르 점 속으로 풍덩 빠졌어요!

4

“아이쿠, 머리야.”
“난 엉덩방아를 찧었어.”
아이들이 주위를 두리번거렸어요.
그때 어디선가 달콤한 향기가 났어요.
아이들은 코를 벌름벌름!
주위를 두리번두리번거렸지요.
“세상에!”
“여긴 온통 과자로 이루어졌어!”
아이들이 입을 쩍 벌렸어요.

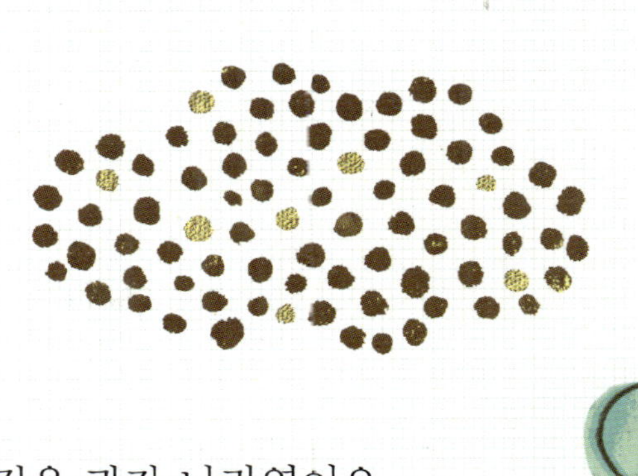

아이들이 온 것은 과자 나라였어요.

과자 나라는 모든 것이 과자로 이루어져 있었어요.

계곡에는 초콜릿이 졸졸 흘렀고

꽃과 풀은 먹음직스러운 사탕,

집은 비스킷과 쿠키로 지어져 있었지요.

심지어 바닥의 흙조차도 달콤한 설탕이었어요.

"정말 먹음직스럽다!"

"맛있어!"

아이들은 신기하고 맛있는 과자 나라를 둘러보며

넋을 잃었지요.

그때 저 멀리 시끌벅적한 소리가 들려왔어요.

"무슨 일이지?"

"우리도 가 보자!"

과 자 공 장
abc
비스킷
사탕
초콜릿
과자

북적북적 소리가 난 곳은
난쟁이들의 과자 공장이었어요.
"과자를 너무 많이 만들어서 엉망이 됐어."
"이 과자들을 어떻게 분류하지?"
난쟁이들은 산더미처럼 쌓인 과자들을 보며
울상을 지었어요.
그 모습을 본 재미가 말했어요.
"종류별로 나누면 되잖아요."
"그거 정말 좋은 생각인데!"
재미의 말에 따라서 난쟁이들은 과자를
분류하기 시작했어요.
사탕은 사탕끼리, 비스킷은 비스킷끼리, 쿠키는 쿠키끼리,
초콜릿은 초콜릿끼리 차곡차곡 쌓았지요.

북 적북적!
왁자지껄!

과자 나라의 난쟁이들이 축제를 벌였어요.
재미와 아이들도 함께 축제를 즐겼지요.
가만 살펴보니 구경꾼 난쟁이들은
저마다 색깔이 있는 모자를 쓰고 있었어요.
어떤 난쟁이는 빨간 모자를 쓰고 있었고,
어떤 난쟁이는 노란 모자였고,
어떤 난쟁이는 파란 모자를 쓰고 있었지요.
재미로 구경꾼 난쟁이들은 모자 색깔로
분류하기 시작했어요.

그때 난쟁이 합주단이 도착했어요.

북을 든 난쟁이가 앞장서 걸었고,

뒤이어 바이올린과 첼로, 트럼펫, 나팔, 탬버린, 플루트, 심벌즈…….

악기를 든 난쟁이 합주단원들이

축제장으로 들어섰지요.

그런데 합주단원의 수가 너무 많아서

무대가 엉망진창이 되어 버렸지 뭐예요.

"이거 참, 복잡해서 안 되겠어!"

난쟁이들은 발을 동동 굴렀어요.

재미는 난쟁이들을 악기별로 분류해야겠다고 생각했어요.

구경하는 난쟁이들은 모자 색깔로

연주하는 난쟁이들은 악기 종류로

깔끔하게 나뉘어졌지요.

신나는 축제가 끝났어요.

난쟁이들은 과자를 나눠 먹고 춤을 췄지요.

과자나라에는 먹을 게 가득했어요.

수도꼭지를 돌리면 달콤한 꿀물이 나왔고,

구름은 부드러운 마시멜로였지요.

재미와 아이들은 배가 터지도록 과자를 먹고, 또 먹었어요.

"이게 다 너희 덕분이야."

"고마워!"

난쟁이들은 재미와 아이들에게

과일 모양을 한 과자를 선물했어요.

바나나, 딸기, 귤, 오렌지, 사과, 배, 복숭아, 옥수수, 바게트 빵 등

여러 가지 먹거리들이 수북하게 쌓였지요.

재미와 아이들은 먹거리를 여러 가지 기준에 따라

분류해 보기로 했어요.

"난 모양에 따라서 분류해 볼래."

"난 색깔에 따라서 분류해 볼 테야."

재미와 아이들은 과자 나라를 구경했어요.

얼마나 갔을까.

진열대 가득 상품이 나열된 곳이 보였지요.

"여긴 시장이구나."

수산물 코너로 갔더니,

여러 가지 생선류들을 묶어서 판매하고 있었지요.

채소 코너로 갔더니,

온갖 채소들이 가득했어요.

과일 코너로 갔더니,

먹음직스러운 과일들이 진열대 가득 놓여 있었지요.

하지만 모두 과자로 만든 것들이었어요.

재미와 아이들은 시장 구경을 하고 군것질을 하며 놀았지요.

"여긴 정말 재미있는 곳이야!"

재미와 아이들이 킥킥거렸어요.

재미와 아이들은 도형 마을에서 시간 가는 줄 모르고 놀았어요.

하늘에 떠 있는 동그란 구멍이 점점 작아지기 시작했어요.

"구멍이 작아지고 있어!"

"우리 마을로 돌아가지 못하면 어쩌지?"

아이들은 서둘러 구멍 아래로 달려갔어요.

구멍은 시간이 갈수록 작아졌지요.

재미와 아이들이 발을 동동 굴렀어요.

◆ 수산물 코너 ◆

◆ 채소 코너 ◆

◆ 과일 코너 ◆

66 너희가 우릴 도와줬으니까,

우리도 너희를 도와야지.”

난쟁이들은 사탕으로 만든 커다란 사다리를

구멍 가까이 대어 주었어요.

“우리가 붙잡고 있을 테니까 얼른 올라가!”

난쟁이들은 사탕 사다리를 붙들며 소리쳤어요.

재미와 아이들은 서둘러

사다리를 타고 구멍 밖으로 빠져나갔어요.

재미가 밖으로 빠져나오는 순간

구멍은 작아지고, 작아져서

쏙 사라져 버렸어요.

들판 한가득 커다랗게 놓였던 점은

아주 작은 점이 되어 버렸지요.

4

이제 집에 가자!”
“엄마가 기다리실 거야!”
재미와 아이들은 우르르 집으로 돌아갔어요.
랄랄라 룰랄라 콧노래를 부르면서요.

‘분류’란 말을 사전에서 찾아보면 ‘종류에 따라 나누는 것’이라고 설명합니다. 여러 가지의 물건을 나눠야 할 때가 많아요. 예를 들어 장난감을 정리할 때나 책을 꽂을 때 어떻게 나누어야 할까요? 빨래가 된 옷을 접어, 주인의 옷 서랍에 넣을 때도 분류해서 넣어야 해요.

분류를 할 때는 기준이 필요해요. 장난감을 정리할 때 아무 곳에나 넣으면 나중에 찾을 수가 없으니까요. 그때 필요한 것이 바로 기준입니다. 기준을 세우는 방법에는 색깔별, 종류별, 크기별 등 여러 가지가 있어요. 그중에서 가장 적합한 기준을 정하면 됩니다. 기준을 정하면 한눈에 알아보기 쉽고, 다시 찾기도 편리하지요.

분류하여 세어보기를 할 때는 두 번 세거나 빠뜨리고 세는 실수를 하면 안 되겠지요? 그럴땐 X 표시나 V 표시를 하면서 세는 것이 좋아요. 표시를 하면서 센 후에 그 수를 정리하여 나타내면 된답니다.

분류한 결과를 이야기할 때는 세어 본 결과로 이야기할 수 있지요. 가장 많은 것은 무엇이며 가장 적은 것은 무엇인지, 어떠한 기준으로 분류했는지를 이야기해 볼 수 있어요.

이렇게 분류해 보아요.

첫째, 주변에서 분류할 것을 찾아보세요. 책장에 꽂힌 책이 가지런한가요? 장난감은 종류별로 정돈되어 있나요? 분리수거함에 분리수거는 바르게 되어 있나요? 우리 반 친구들은 각각 어떤 계절을 좋아하나요?

다음에는 분류 기준을 정해 봅시다. 책을 정리할 때 크기별로 정리할지, 종류별로 정리할지, 자주 보는 순서대로 정리할지 고민해 보세요. 내가 볼 책은 누가 대신 기준을 정해 줄 수 없어요. 여러분이 직접 분류 기준을 정해 정리해 보세요. 어렵다면 부모님의 도움을 받아도 좋습니다.

분류하여 세어보기를 할 때는 표시하며 세어보기를 한 수를 정리하여 나타낼 수 있어야 해요. 분류 기준을 먼저 나누어 주고 그에 따른 수를 한눈에 볼 수 있도록 정리해 주는 것이 좋답니다.

종류별로 분류해 놓으면 어떠한 점이 좋을까요? 무엇을 찾으려고 할 때 쉽게 찾을 수 있고 조사한 결과를 한눈에 보기도 쉽답니다. 마트에 종류별로 물건이 분류되어 있기 때문에 사려고 하는 물건을 쉽게 구할 수 있는 것처럼요.

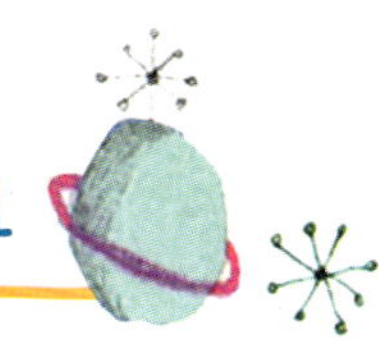

개념문제 방 안에 있는 장난감을 종류별로 정리해 봅시다.

장난감	자동차	인형	공
개수			

 어떻게 풀까요?

여러 가지 장난감 중에서 자동차는 5개, 인형은 2개, 공은 5개가 있습니다.

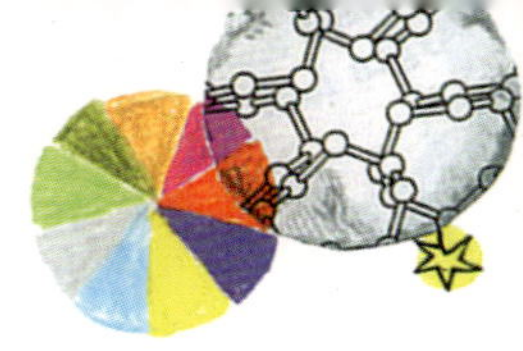

01 시장에서 여러 가지 과일을 사 왔습니다. 과일을 여러 개의 바구니에 나누어 담으려고 합니다. 여러분이 원하는 기준을 정하고, 기준에 맞게 바구니에 과일을 담아 보세요.

분류하는 기준 : ________________________________ 으로 나뉩니다.

개념문제 지영이네 반 친구들이 좋아하는 과일을 조사했더니 다음과 같았습니다. 좋아하는 과일에 따라 분류하여 수를 세어 보시오.

지영	수지	웅현	혜정	준혁
재혁	수진	민재	나영	진희

과일	사과	딸기	포도	귤
학생 수(명)				

어떻게 풀까요?

종류별로 세어서 분류할 때는 표시를 하거나 표시를 하면서 세는 것이 좋아요.
표시를 하면서 수를 세면 빠뜨리고 세거나 두 번 세는 실수를 피할 수 있어요.
개수만큼 표시하며 세어 수로 나타내는 연습을 해 봅시다.

과일	사과	딸기	포도	귤
학생 수(명)	3	4	1	2

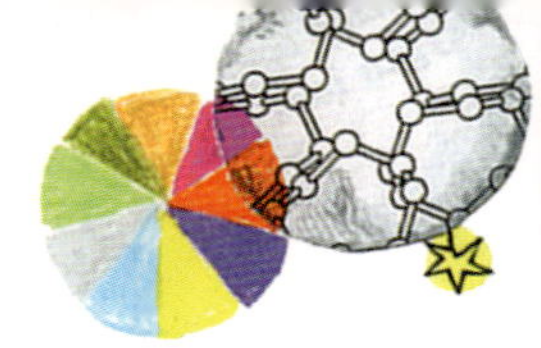

※ 금고 속에 들어 있는 돈을 꺼내 분류하려고 합니다. 물음에 답하세요. (2~3)

02 돈을 같은 금액에 따라 분류하여 보세요.

만 원	천 원	오백 원	백 원
장	장	장	장

03 분류한 결과를 보고 맞는 것에 ○표, 맞지 않는 것에 ×표 하세요.

- 🔴 수가 가장 많은 금액은 백 원입니다.　　(　　)
- 🔴 수가 가장 적은 금액은 만 원입니다.　　(　　)

01 과자 나라에서 친구들과 했던 분류하기를 참고하여 여러 가지 종류의 쓰레기를 종류별로 분리수거함에 넣어 보세요.

02 다음 그림에 사용된 도형을 모양에 따라 분류하여 수를 세어 보세요.

모양	원	삼각형	사각형
개수			

03 사용된 갯수 만큼의 도형을 이용하여 새로운 그림을 그려보세요.

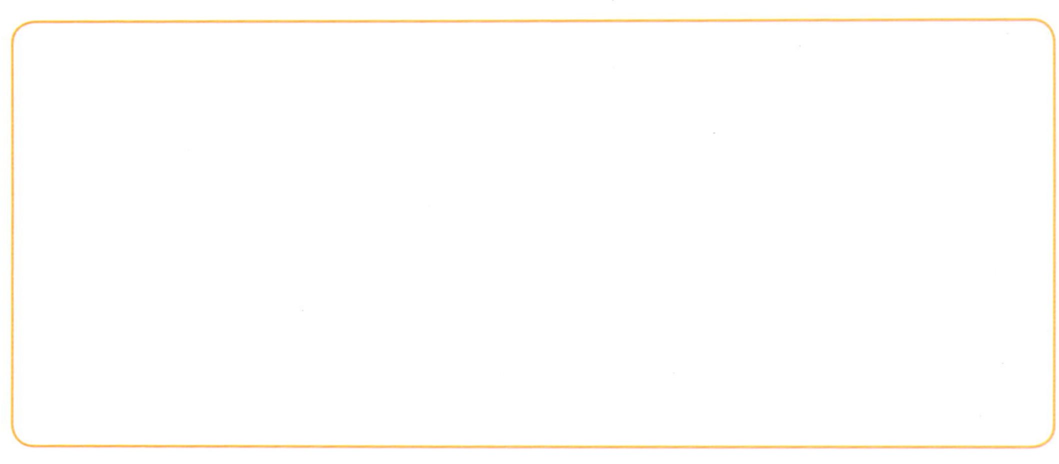

5 연산

곱셈, 곱셈구구

2학년 1학기 6단원 곱셈

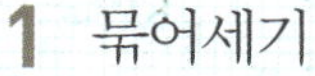

1 묶어세기

2 몇 씩 몇 묶음

3 몇의 몇 배

4 곱셈식

5 곱셈식 활용하기

초콜릿 할머니와 말하는 고양이

 **2**학년 **2**학기 **2**단원 곱셈구구

1 곱셈구구의 필요성 알기

2 2의 단, 5의 단, 3의 단에서 9의 단까지 구성 원리

3 여러 가지 방법을 이용하여 각 단의 곱셈구구표를 만들고 외우기

4 1의 단 곱셈구구와 0과 어떤 수와의 곱 이해하기

5 곱셈구구표 만들고 교환 법칙 이해하기

6 곱셈구구와 관련된 다양한 문제 상황에서 수학적 사고력 기르기

깊은 숲 속에 작은 초콜릿 가게가 있어요.
손님이 찾아오긴 할까요?

괜찮아요.

어차피 초콜릿은 일 년에 한 번,

소원이 필요할 때만 만드니까요.

이 초콜릿 가게의 주인 할머니는

소원을 들어주는 신비한 초콜릿을 만들어요.

염려마세요.

거미 눈알, 바퀴벌레 다리 따위의

무시무시한 재료는 이용하지 않으니까요.

똑똑똑.

어느 날, 어느 누가

숲 속 초콜릿 가게 창문을 두드렸어요.

주인 할머니가 창문을 열고 내다보았죠.

문 앞에는 작은 소녀가 서 있었어요.

옆에는 작은 고양이 한 마리도 웅크리고 있었고요.

소녀는 추위에 떨며 말했어요.

"우리 아빠가 아프세요."

저런, 소녀의 손발은 상처로 엉망이었어요.

5

66 죄송하지만……. 지금은 돈이 없어요.”

할머니는 초콜릿 값만큼 일을 해 달라고 했어요.

소녀는 얼른 좋다고 대꾸했지요.

할머니는 소녀에게 자두를 따 오라고 시켰어요.

소녀는 월요일에 자두 다섯 개를 따서 바구니에 담았어요.

소녀는 화요일에 자두 다섯 개를 따서 바구니에 담았어요.

소녀는 수요일에 자두 다섯 개를 따서 바구니에 담았어요.

소녀는 목요일에 자두 다섯 개를 따서 바구니에 담았어요.

소녀는 금요일에 자두 다섯 개를 따서 바구니에 담았어요.

소녀는 토요일에 자두 다섯 개를 따서 바구니에 담았어요.

소녀는 일요일에 자두 다섯 개를 따서 바구니에 담았어요.

일주일이 되자 할머니가 물었어요.

“지금까지 딴 자두는 모두 몇 개냐?”

5
월
화
수
목
금
토
일

소녀는 자두를 세기 위해 덧셈을 해 보았어요.

5+5+5+5+5+5+5

"그러니까 5 더하기 5 더하기 5……."

5를 여러 번 더해야 했어요.

소녀는 빨리 답을 구할 수가 없었어요.

"어서 대답하지 않으면 내일도 자두를 따 오라고 시킬 테다."

할머니의 말에 소녀는 놀라서 다시 덧셈을 했어요.

5+5+5+5+5+5+5

"50인가요?"

"틀렸다!"

"한 번만요! 한 번만 더 기회를 주세요."

소녀는 발을 동동 굴렀어요.

할머니가 잠시 화장실에 갔을 때

고양이가 야옹! 하며 나타났어요.

고양이는 바구니를 빙빙 돌면서 말했어요.

"걱정 마, 나한테 방법이 있으니까."

세상에나!

소녀의 고양이는 말할 줄 아는 신기한 고양이였던 거예요.

고양이가 수염을 한번 만지작거리더니 말했어요.

"자두 다섯 개를 7번 땄다는 것은

5를 일곱 번 더한다는 뜻이지.

그걸 덧셈으로 풀면

5+5+5+5+5+5+5

이렇게 긴 식이 되지만

곱셈으로 하면 간단해.

$$5+5+5+5+5+5+5 = 5 \times 7$$

"5×7?"

"그래! 이건 5개의 자두를 7번 땄다는 뜻이야.

5+5+5+5+5+5+5 = 5×7 = 35

그러니까 자두의 수는 모두 35개인거지."

      ❝ 곱셈을 이용해 답을 구하다니. 제법이로구나.”

할머니는 소녀에게 설거지를 시켰어요.

소녀는 부지런히 설거지했지요.

소녀가 짝이 안 맞는 여러 개의 젓가락을

짝 맞추어 정리하고 있을 때였어요.

고양이가 불쑥 고개를 내밀었어요.

“뭐해? 아, 2단 외우기 연습 중이로구나?”

“2단?”

“젓가락 짝을 떠올리며 대답해 봐.

한 사람이 식탁에 앉아 있어.

필요한 젓가락은 몇 개지?”

“2개.”

“두 사람이 식탁에 앉으면?”

“4개.”

"세 사람이 식탁에 앉았다면 필요한 젓가락은 모두 몇 개지?"

"6개."

"네 사람이 식탁에 앉았으면 필요한 젓가락은 모두 몇 개지?"

"8개."

"한 사람이 늘어날 때마다 젓가락 숫자는 몇 개씩 커지는 거지?"

"2개씩 커지네."

고양이가 만족스러운 듯 낄낄낄 웃었어요.

"잘했어. 넌 2단을 모두 외운 거야."

소녀는 2의 단을 외웠어요.

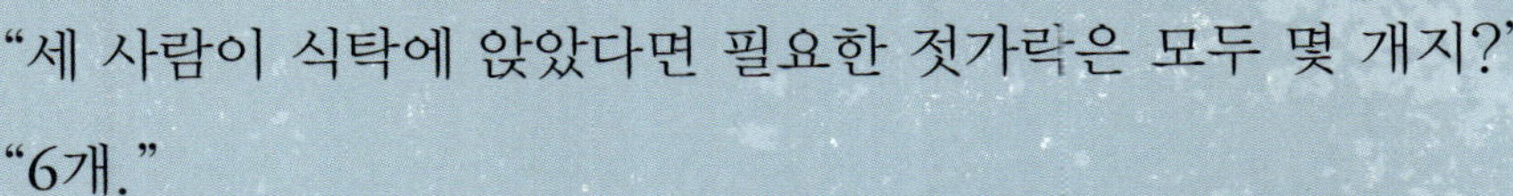

×	1	2	3	4	5	6	7	8	9
2	2	4	6	8	10	12	14	16	18

2단은 일의 자리가 2, 4, 6, 8, 0이 순서대로 나왔지요.

소녀는 2단을 줄줄 외울 수 있었어요.

66 오늘은 헛간 청소를 해야겠구나.”

할머니는 소녀에게 헛간을 청소하라고 말했어요.

소녀는 빗자루를 들고 헛간으로 갔지요.

헛간에는 먼지가 뽀얗게 앉은

세발자전거 한 대가 놓여 있었어요.

소녀가 세발자전거의 바퀴를 닦고 있을 때였어요.

고양이가 불쑥 고개를 내밀었어요.

“뭐 해? 아, 3단 외우기를 연습 중이구나?”

“3단?”

“세발자전거가 2대가 있어. 그럼 바퀴 수는 몇 개일까?”

“6개.”

“세발자전거가 3대가 있어. 그럼 바퀴 수는 몇 개일까?”

“9개.”

“세발자전거가 4대가 있어. 그럼 바퀴 수는 몇 개일까?”

“12개.”

“세발자전거가 1대 많아질 때마다 바퀴 수가 몇 개씩 많아지지?”

“3개씩 많아지네.”

"그래, 그게 바로 3단이야!"

소녀는 눈을 감고 3단을 외우기 시작했어요.

따르릉따르릉 세발자전거들이 우르르 달려가는 것 같았지요.

×	1	2	3	4	5	6	7	8	9
3	3	6	9	12	15	18	21	24	27

할머니가 이번에는 거실을 청소하라고 했어요.

소녀는 걸레를 들고 거실로 갔지요.

거실에는 낡은 의자가 덩그러니 놓여 있었어요.

소녀가 의자의 다리를 닦고 있을 때였어요.

고양이가 불쑥 고개를 내밀었어요.

"뭐해? 아, 4단 외우기를 연습 중이구나?"

"4단?"

"의자가 두 개 있으면 다리는 모두 몇 개일까?"

"8개."

"의자가 3개 있으면 다리는 모두 몇 개지?"

"12개."

"의자가 4개 있으면 다리는 모두 몇 개지?"

"16개."

"의자가 한 개 늘어날 때마다 다리는 몇 개씩 늘어나는 거지?"

"4개씩 늘어나네."

"그래! 의자가 9개면 다리는 몇 개지?"

"36개지!"

"와우, 넌 벌써 4단을 다 외웠어."

×	1	2	3	4	5	6	7	8	9
4	4	8	12	16	20	24	28	32	36

할머니가 이번에는 낙엽 떨어진 마당을 청소하라고 했어요.
소녀는 빗자루를 들고 마당으로 갔지요.

마당에는 아기 손바닥 모양의 단풍잎이

우수수 떨어져 있었어요.

소녀가 단풍잎을 치우려고 할 때였어요.

고양이가 불쑥 고개를 내밀었어요.

"뭐 해? 아, 5단 외우기를 연습 중이구나?"

"5단?"

"손이 2개 있으면 손가락 수는 몇 개지?"

"10개."

"손이 3개 있으면 손가락 수는 몇 개지?"

"15개."

"손이 4개 있으면 손가락 수는 몇 개지?"

"20개."

"손이 5개 있으면 손가락 수는 몇 개지?"

"25개."

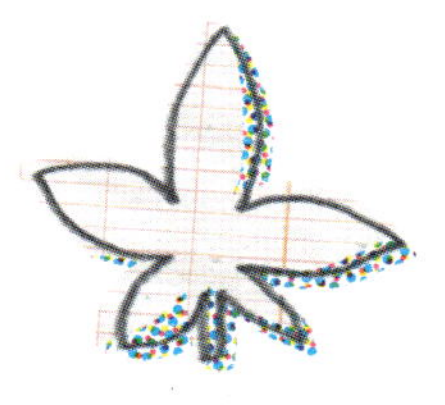

소녀는 아기 손바닥 같은 단풍잎을 떠올리며 대답했어요.

"손이 1개씩 많아질 때마다 손가락 수는 몇 개씩 커지지?"

"5개씩."

"손이 9개 있으면 손가락 수는 몇 개?"

"손이 8개 있을 때 손가락 수가 40개니까, 9개면…… 45개지."

"와, 넌 벌써 5단을 다 외운 거야."

소녀는 아기 손바닥 모양의 단풍잎을 떠올리며

5단을 외워 보았어요. 5단이 술술 외워졌지요.

"신기한 게 있어."

"뭔데?"

"5단은 일의 자리가 5, 0, 5, 0, 5, 0이 되풀이된다는 거야."

"정말 그러네!"

소녀와 고양이는 서로 마주보고 깔깔 웃었어요.

×	1	2	3	4	5	6	7	8	9
5	5	10	15	20	25	30	35	40	45

할머니가 꽃밭에 물을 주고 오라고 했어요.

소녀는 물뿌리개를 들고 꽃밭으로 갔지요.

꽃밭에는 알록달록 예쁜 꽃들이 활짝 피어 있었어요.

소녀가 물을 뿌리려고 할 때였어요.

빨간 무당벌레가 고개를 쏙 내밀었어요.

등에 검은 점이 여섯 개 나 있는 무당벌레였지요.

"검은 점이 여섯 개네."

그때 고양이가 불쑥 고개를 내밀었어요.

"뭐해? 아, 6단 외우기를 연습 중이구나?"

"6단?"

"무당벌레가 2마리 있어. 그러면 검은 점은 모두 몇 개지?"

"12개."

"무당벌레가 3마리 있어. 그러면 검은 점은 모두 몇 개일까?"

"18개."

"무당벌레가 4마리 있어. 그러면 검은 점은 모두 몇 개지?"

"24개."

"무당벌레가 5마리 있어. 그러면 검은 점은 모두 몇 개일까?"

"30개."

"무당벌레 한 마리가 늘어날 때마다 검은 점은 몇 개씩 많아지지?"

"6개씩 많아지네."

"자, 이제 눈을 감고 무당벌레를 상상하며 6단을 외워 봐!"

×	1	2	3	4	5	6	7	8	9
6	6	12	18	24	30	36	42	48	54

×1

×2

×3

×4

×5

일주일에 7일

할머니가 시킨 일을 모두 끝낸 소녀는

달력을 물끄러미 바라보았어요.

달력에 쓰인 일곱 요일이 눈에 들어왔지요.

"월화수목금토일……. 모두 일곱 개네."

그때 고양이가 불쑥 고개를 내밀었어요.

"뭐 해? 아, 7단 외우기를 연습 중이구나?"

"7단?"

"1주는 모두 며칠이지?"

"7일."

"2주는 모두 며칠이지?"

"14일."

"3주는 모두 며칠이지?"

"21일."

"한 주가 늘어날 때마다 며칠씩 많아지는 거지?"

"7일."

"자, 이제 눈을 감고 7단을 외워 봐."

소녀는 7단을 외우기 시작했어요.

머릿속에서 달력의 날짜들이 휘리릭 날아다니는 듯했지요.

×	1	2	3	4	5	6	7	8	9
7	7	14	21	28	35	42	49	56	63

할머니가 소녀에게 맛있는 요리를 해 주겠다며
다리가 8개인 낙지를 사 왔어요.

"이걸 깨끗이 씻으렴. 그동안 난 옷을 갈아입고 올 테니."

할머니의 말에 소녀는 낙지를 집어 들었지요.

낙지 다리 8개가 흐물흐물거렸어요.

그때 고양이가 불쑥 고개를 내밀었어요.

"뭐 해? 아, 8단 외우기를 연습 중이구나?"

"낙지 한 마리면 다리가 모두 몇 개지?"

"8개."

"낙지가 2마리면 다리는 모두 몇 개지?"

"16개."

"낙지가 3마리면 다리는 모두 몇 개지?"

"21개."

"낙지가 1마리씩 늘어날 때마다 다리는 몇 개씩 많아지지?"

"8개."

"자, 흐물흐물 낙지의 다리를 생각하며 이제 8단을 외워 봐."

소녀는 눈을 감고 8단을 외웠어요.

×		1	2	3	4	5	6	7	8	9
8		8	16	24	32	40	48	56	64	72

“으, 더 이상 낙지 요리는 먹고 싶지 않아.”

구구단을 외운 소녀가 고개를 흔들었어요.

흐물거리는 낙지 다리를 생각하니 속이 울렁거렸던 거예요.

“그럼 내가 먹지!”

고양이는 신이 나서 야옹!

입을 쩍 벌리며 소리쳤어요.

❝할머니, 할머니! 마당에 있는 아름드리 나무에 꽃이 폈어요!"

어느 날, 아침잠을 깬 소녀가 외쳤어요.

"저건 목련이란다."

"와, 예쁘다!"

소녀는 희고 고운 목련을 바라보며 감탄했어요.

그때 고양이가 불쑥 고개를 내밀었지요.

"뭐 해? 아, 9단 외우기를 연습 중이구나?"

"9단?"

"그래, 목련꽃 꽃잎은 9장. 그러니까 9단 외우기에 딱이지!"

"목련이 1송이 피었어. 그럼 꽃잎은 모두 몇 장일까?"

"9장."

"목련이 2송이 피었어. 그럼 꽃잎은 모두 몇 장일까?"

"18장."

"목련이 3송이 피었어. 그럼 꽃잎은 모두 몇 장일까?"

"27장."

"목련이 5송이 피었어. 그럼 꽃잎은 모두 몇 장일까?"

"45장."

"목련꽃 8송이가 피었어. 그럼 꽃잎은 몇 장일까?"

"72장. 꽃 1송이가 늘어날 때마다 꽃잎은 9장씩 많아져."

"이야, 대단한데? 벌써 9단을 다 외우다니!"

소녀는 눈을 감고 9단을 외우기 시작했어요.

바람이 불자 하얀 목련꽃잎들이 우수수 비처럼 떨어졌지요.

소녀는 하얀 꽃잎 비를 맞으며 구구단을 외웠어요.

×	1	2	3	4	5	6	7	8	9
9	9	18	27	36	45	54	63	72	81

할머니가 소녀에게 빵을 주겠다고 했어요.

소녀는 잔뜩 부푼 얼굴로 부엌을 향해 갔지요.

"먼저 빵을 접시에 담아야겠구나."

할머니는 1개의 빵을 접시에 담으려면 접시가 몇 개 필요한지 물었어요.

"1×1을 하면 알 수 있죠. 1개가 필요해요."

소녀가 또박또박 대답했어요.

그러자 할머니가 2개의 빵을 접시에 담으려면
접시가 몇 개 필요한지 물었어요.

"1×2를 하면 알 수 있죠. 2개가 필요해요."

"오호, 그럼 3개의 빵을 담으려면?"

"1×3을 하면 되죠. 3개가 필요해요."

"오호, 그럼 4개의 빵을 담으려면?"

"1×4을 하면 되죠. 4개가 필요해요."

"5개의 빵을 담으려면?"

"1×5을 하면 되죠. 5개가 필요해요."

"그래, 넌 1단의 곱셈을 참 잘하는구나."

할머니가 빙그레 웃었어요.

소녀는 자기도 모르게 1단의 곱셈을 다 외운 거예요.

×	1	2	3	4	5	6	7	8	9
1	1	2	3	4	5	6	7	8	9

“정말 신기해요. 1의 단 곱셈구구는 무조건 1씩 커지네요.”

“그렇지. 1과 어떤 수의 곱은 항상 어떤 수가 된단다.”

소녀와 고양이는 화살로 과녁 맞추기 게임을 했어요.

“내가 이겼다!”

“아냐, 내가 이겼어.”

둘은 점수판을 보고, 점수를 구해 보았지요.

과녁판	0점	1점	2점	3점
맞힌 횟수	2회	2회	1회	0회
점수	0	2	2	0

소녀는 0점을 2번 맞혔어요.

“2×0=0(점)입니다.”

고양이는 3점을 1번도 맞히지 못했어요.

“3×0=0(점)입니다.”

“어떤 수와 0과의 곱은 항상 0이 되는구나.”

소녀가 고개를 갸웃하며 말했어요.

그랬더니 고양이가 짝짝짝 박수를 쳤지요.

“축하해, 넌 벌써 0의 곱셈구구까지 다 외운 거야.”

소녀가 곱셈구구를 줄줄 외우면서 일을 했어요. 할머니는 소녀가 부러웠어요.

"곱셈구구를 외우는 방법을 가르쳐 주면

더 이상 일을 거들지 않더라도 초콜릿을 주마."

"간단해요. 곱셈구구를 외우려면 곱셈구구표를 쓰면 돼요."

소녀는 바닥에다 곱셈구구표를 그렸어요.

"가로와 세로의 수를 곱하여 그 곱을

가로와 세로가 만나는 칸에 써 넣은 거예요."

"와! 이건 새로운 마법의 부적 같구나."

할머니는 소녀가 가르쳐 준 곱셈구구표를

가만히 들여다보았어요.

그랬더니 재미있는 사실을 발견할 수 있었죠.

"이것 좀 보렴. 2의 단은 2씩 커지고 있구나!"

소녀도 재미있는 것을 발견했어요.

"5의 단은 5씩 커지고 있네!"

"6의 단 곱셈구구는 3의 단 곱셈구구의 2배야!"

곱셈 구구의 법칙

2의 단 곱셈구구

×	1	2	3	4	5	6	7	8	9
2	2	4	6	8	10	12	14	16	18

+2 +2 +2 +2 +2 +2 +2 +2

5의 단 곱셈구구

×	1	2	3	4	5	6	7	8	9
5	5	10	15	20	25	30	35	40	45

+5 +5 +5 +5 +5 +5 +5 +5

1의 단 ⟶ 1×(어떤 수) = (어떤수)

×	1	2	3	4	5	6	7	8	9
1	1	2	3	4	5	6	7	8	9

+1 +1 +1 +1 +1 +1 +1 +1

0의 곱 ⟶ 0×(어떤 수) = 0

×	1	2	3	4	5	6	7	8	9
0	0	0	0	0	0	0	0	0	0

곱셈 구구의 법칙

소녀와 할머니, 그리고 고양이는
곱셈구구표를 들여다보며 말했어요.
"곱셈구구표는 정말 놀랍고 신기하구나.
마치 보물찾기를 하는 것 같아."
곱셈구구표에는 놀라운 규칙이 숨어 있었거든요.

×	1	2	3	4	5	6	7	8	9
1	1	2	3	4	5	6	7	8	9
2	2	4	6	8	10	12	14	16	18
3	3	6	9	12	15	18	21	24	27
4	4	8	12	16	20	24	28	32	36
5	5	10	15	20	25	30	35	40	45
6	6	12	18	24	30	36	42	48	54
7	7	14	21	28	35	42	49	56	63
8	8	16	24	32	40	48	56	64	72
9	9	18	27	36	45	64	63	72	81

"이것 좀 보세요!

곱셈구구표를 점선을 따라 접으니까 만나는 수들이 같아!"

"우와! 놀랍다! 신기하다! 세상에 이런 마법이 다 있다니!"

할머니는 신기하다는 듯 곱셈구구표를 보고 또 보았어요.

놀랍다! 신기하다

곱셈구구표를 다 외운 할머니는
소녀에게 소원을 들어주는 초콜릿을 선물했어요.
소녀는 초콜릿을 꼭 껴안고 집으로 돌아갔지요.
고양이도 함께요.
덕분에 소녀의 아버지는 병이 씻은 듯이 나았고,
소녀의 가족들은 다시 행복해질 수 있었어요.
그런데 그 고양이 이름이 뭐냐고요?
장화 신은 고양이라던가, 장갑 낀 고양이라던가.

6+6+6+6+6+6+6+6을 계산해 볼까요? 6을 8번 더하다 보면 시간이 오래 걸립니다. 그래서 사용하는 것이 바로 곱셈구구입니다. 6이 8번 나오니까 6×8로 고칠 수 있고, 이미 곱셈구구를 알고 있는 친구는 금세 48이라고 말할 수 있지요. 9+9+9+9+9는 어떨까요? 9가 5번 나오니 9×5로 계산할 수 있습니다.

6×8, 9×5에 대한 답은 어떻게 알 수 있을까요? 동화를 보다 보면 나오는 곱셈구구표를 보고 이해하고 외우면 됩니다.

2 × 1 = 2	3 × 1 = 3	4 × 1 = 4	5 × 1 = 5
2 × 2 = 4	3 × 2 = 6	4 × 2 = 8	5 × 2 = 10
2 × 3 = 6	3 × 3 = 9	4 × 3 = 12	5 × 3 = 15
2 × 4 = 8	3 × 4 = 12	4 × 4 = 16	5 × 4 = 20
2 × 5 = 10	3 × 5 = 15	4 × 5 = 20	5 × 5 = 25
2 × 6 = 12	3 × 6 = 18	4 × 6 = 24	5 × 6 = 30
2 × 7 = 14	3 × 7 = 21	4 × 7 = 28	5 × 7 = 35
2 × 8 = 16	3 × 8 = 24	4 × 8 = 32	5 × 8 = 40
2 × 9 = 18	3 × 9 = 27	4 × 9 = 36	5 × 9 = 45
6 × 1 = 6	7 × 1 = 7	8 × 1 = 8	9 × 1 = 9
6 × 2 = 12	7 × 2 = 14	8 × 2 = 16	9 × 2 = 18
6 × 3 = 18	7 × 3 = 21	8 × 3 = 24	9 × 3 = 27
6 × 4 = 24	7 × 4 = 28	8 × 4 = 32	9 × 4 = 36
6 × 5 = 30	7 × 5 = 35	8 × 5 = 40	9 × 5 = 45
6 × 6 = 36	7 × 6 = 42	8 × 6 = 48	9 × 6 = 54
6 × 7 = 42	7 × 7 = 49	8 × 7 = 56	9 × 7 = 63
6 × 8 = 48	7 × 8 = 56	8 × 8 = 64	9 × 8 = 72
6 × 9 = 54	7 × 9 = 63	8 × 9 = 72	9 × 9 = 81

표에 나오지 않은 1과 0의 곱셈구구는 어떨까요?

1은 어떤 수를 곱하면 항상 어떤 수가 됩니다. 1×3=3, 1×8=8처럼 말이죠.

0은 어떤 수를 곱해도 항상 0이 됩니다.

　이 단원을 공부할 때는 먼저, 곱셈구구의 원리를 이해하고, 곱셈구구를 외우면 됩니다.

　과자 상자에 과자가 7개씩 들어 있습니다. 과자 3봉지가 있으면 과자는 총 몇 개인지 구하는 문제를 봅시다.

　7+7+7을 곱셈구구로 나타내면 무엇일까요? 7×3입니다.

　선생님께서 한모둠에 4명씩 어린이를 앉히셨습니다. 우리 반에 7모둠이 있다면, 우리 반은 총 몇 명인지를 구해 볼까요?

　4+4+4+4+4+4+4을 계산해도 되지만, 4×7로 나타내도 되겠죠.

　곱셈구구를 암기하는 것은 시간이 오래 걸리고 지루할 수 있어요. 그래서 선생님은 혼자 외우고 나서 친구와 짝을 이루어 검사해 주는 공부를 추천합니다. 그리고 나서는 가족이나 친구와 함께 곱셈구구 문제를 내 보세요. 4×5는? 5×7은? 이렇게요.

　그래도 헷갈린다면, 2×9=18, 2×8=16, 2×7=14, …, 2×3=6, 2×2=4로 거꾸로 외워 보세요. 평생 잊지 않고 곱셈구구를 외울 수 있어요.

 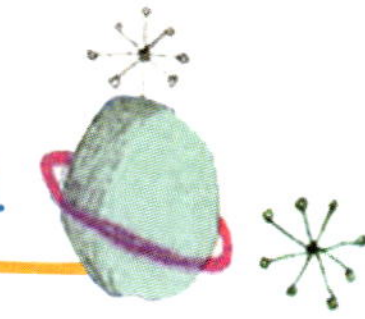

혹이 두 개 있는 쌍봉낙타가 3마리가 있습니다. 3마리의 쌍봉낙타가 가진 혹은 모두 몇 개일까요? 아래의 빈칸을 채우면서 혹의 개수를 찾아보세요.

- 2 + 2 + 2 = 6 은 2가 ( ) 번 있습니다.

- 곱셈식으로 나타내면 2 × ( ) = ( ) 입니다.

- 2의 단으로 곱셈구구표를 만들면

×	1	2	3	4	5	6	7	8	9
2	2	4		8	10		14	16	

· 쌍봉낙타의 혹은 모두 ( ) 개입니다.

 어떻게 풀까요?

빈칸에 들어갈 숫자는 위에서부터 3, 3, 6, 6, 12, 18입니다.
쌍봉낙타 3마리의 혹은 모두 6개입니다.

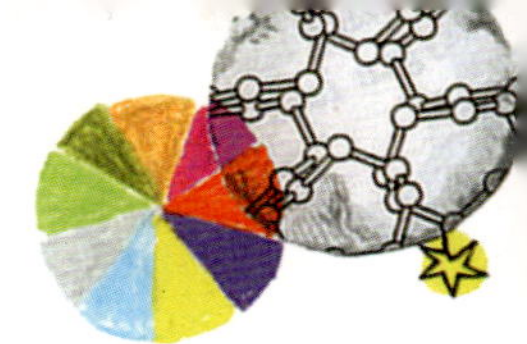

01 과일가게의 바나나는 1송이에 3개씩 달려 있습니다. 바나나를 4송이 사면 총 몇 개의 바나나를 사게 될까요? 빈칸을 채우면서 바나나의 개수를 구해 보세요.

● 3 + 3 + 3 + 3 = 12 는 3가 (　　) 번 있습니다.

● 3의 단으로 곱셈구구표를 만들면

×		1	2	3	4	5	6	7	8	9
3		3		9			18	21		27

02 색상지를 잘라 잠자리를 만들려고 합니다. 잠자리 한 마리마다 4개의 날개가 필요합니다. 잠자리를 2, 3, 4, …, 8, 9 마리 만들려면 몇 개으 날개를 만들어야 하는지 구해 보세요.

×		1	2	3	4	5	6	7	8	9
4		4		12		20		28		36

03 공기알이 한 상자에 5개씩 들어있습니다. 6개의 상자에 들어 있는 공기알은 모두 몇 개인지 구하세요.

• 공기알은 모두 (　　) 개입니다.

• 그렇게 생각한 까닭은 ________________________________ 때문입니다.

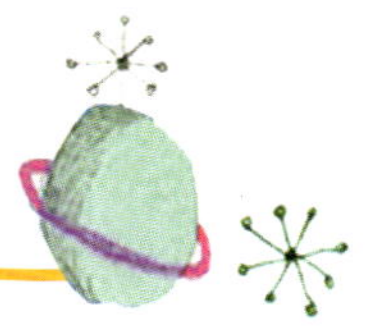

개념문제 아래의 수직선을 보고 □ 안을 채우세요.

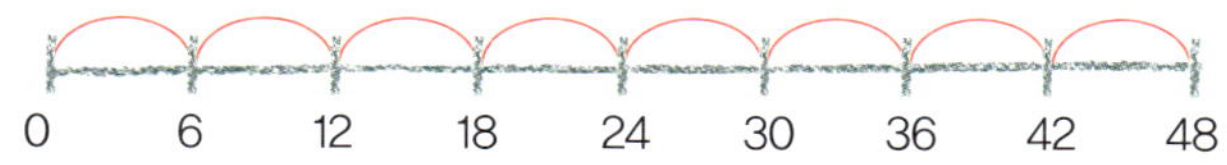

$$6 \times \boxed{} = 48$$

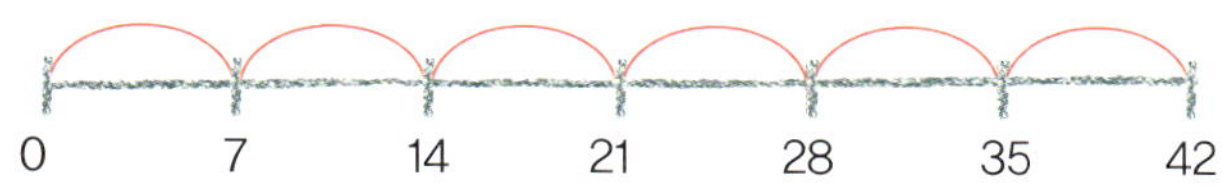

$$7 \times 6 = \boxed{}$$

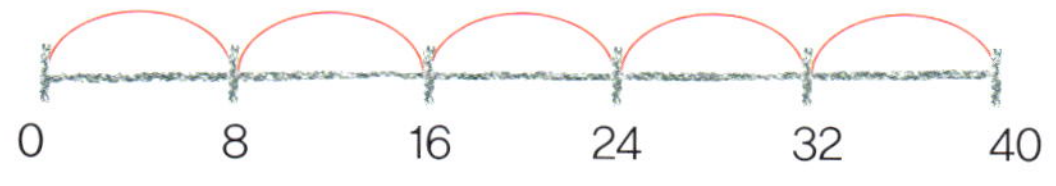

$$\boxed{} \times \boxed{} = \boxed{}$$

어떻게 풀까요?

첫 번째 수직선은 6씩 숫자가 커집니다. 6+6+6+6+6+6+6+6 과 같으므로 6×8=48 입니다.

두 번째 수직선은 7씩 숫자가 커집니다. 7+7+7+7+7+7 과 같으므로 7×6=42 입니다.

세 번째 수직선은 8씩 숫자가 커집니다. 8+8+8+8+8 과 같으므로 8×5=40 입니다.

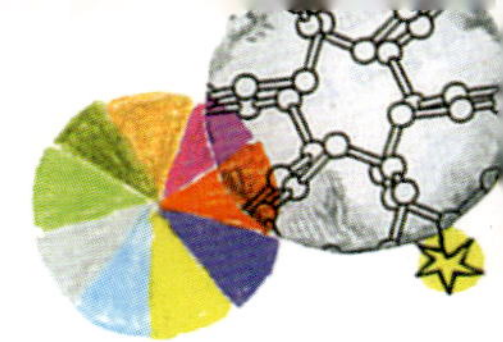

04 과자 상자 안에 과자가 5개씩 들어있습니다. ☐ 안을 채우면서 상자 5개에는 몇 개의 과자가 들어 있는지 구하세요.

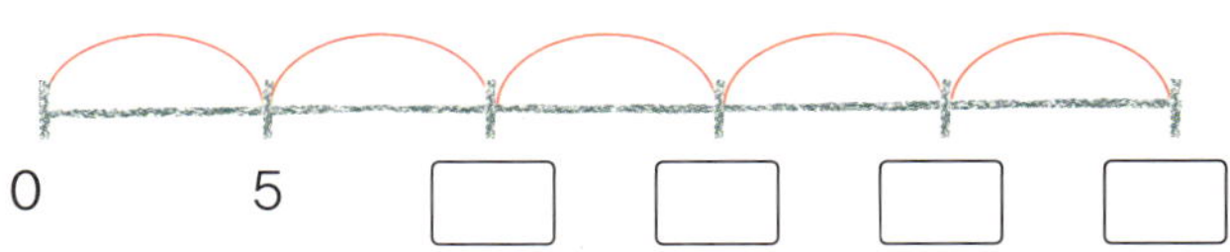

→ 과자 상자 5개에 들어 있는 과자는 모두 ☐ 개입니다.

05 모둠 친구들에게 9개씩 과자를 나누어 주려고 합니다. 우리 모둠에 8명의 친구가 있다면 몇 개의 과자가 필요한지 구하세요.

● 과자는 모두 (   ) 개가 필요합니다.

● 그렇게 생각한 까닭은 _______________________________________ 때문입니다.

06 과녁에 화살을 쏘아 맞추려고 합니다.

● 1점에 공을 3번 맞추면, 1 × ☐ = 3점 입니다.

● 1점에 공을 7번 맞추면, 1 × ☐ = ☐ 점입니다.

● 0점에 공을 1번 맞추면, 0 × ☐ = 0점 입니다.

● 0점에 공을 3번 맞추면, 0 × ☐ = ☐ 점입니다.

01 소녀가 초콜릿을 얻기 위해서는 곱셈구구를 정확하게 알아야합니다. 곱셈구구가 바르게 표시된 곳을 따라 도착점으로 가보세요.

$2 \times 3 = 6$	$1 \times 9 = 0$	$0 \times 7 = 7$	$2 \times 7 = 12$	$6 \times 2 = 8$
$6 \times 6 = 12$	$5 \times 7 = 35$	$4 \times 5 = 22$	$0 \times 9 = 9$	$4 \times 8 = 11$	$4 \times 3 = 13$
$6 \times 3 = 9$	$1 \times 9 = 9$	$7 \times 3 = 21$	$8 \times 4 = 32$	$5 \times 7 = 30$	$3 \times 2 = 5$
$6 \times 9 = 18$	$8 \times 7 = 42$	$1 \times 8 = 9$	$8 \times 5 = 40$	$2 \times 3 = 6$	$4 \times 2 = 8$
$0 \times 9 = 9$	$1 \times 3 = 4$	$7 \times 6 = 56$	$6 \times 1 = 12$		

02 마법의 초콜릿을 만들어 볼까요? 아래 초콜릿 만드는 방법을 보고 프라이팬에 재료를 개수대로 그려 넣어 보세요.

재료	개수
초코 덩어리 : 🟢	2×3개
아몬드 : 🔶	4×2개
버터 : 🟧	1×2개
별사탕 : ⭐	6×3개
마법의 설탕 : 🔺	8×2개
사랑 : 💜	9×1개
미움 : 😣	0×7개

정답을 확인해 볼까요?

1. 도형 : 여러 가지 도형

개념문제 30쪽~

01 꼭짓점, 변

02 원, 원

03 꼭짓점, 변, 오각형, 꼭짓점, 변

04

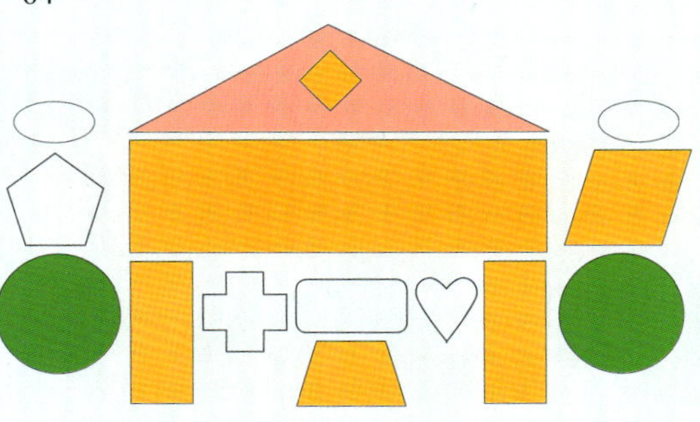

창의문제 32쪽~

01

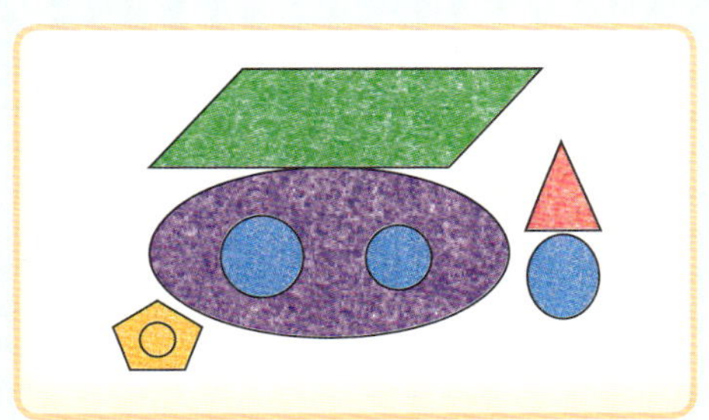

02

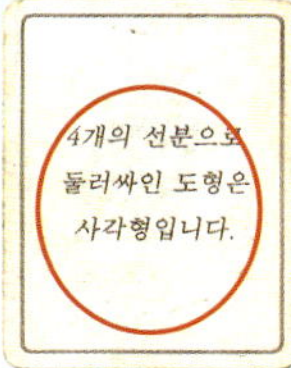

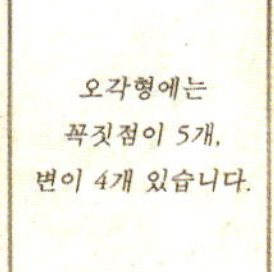

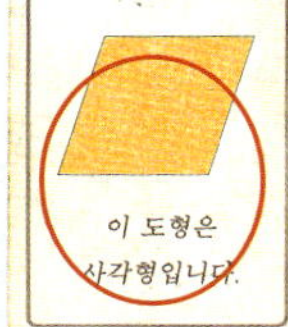

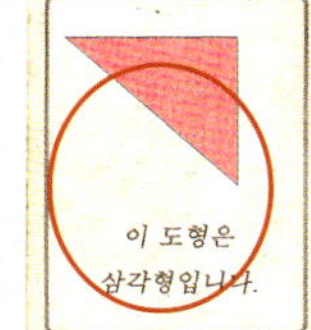

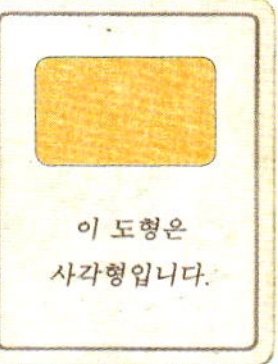

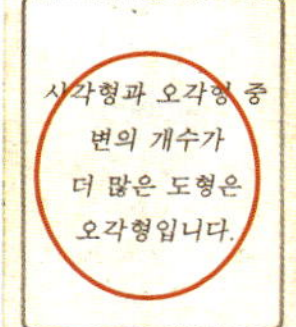

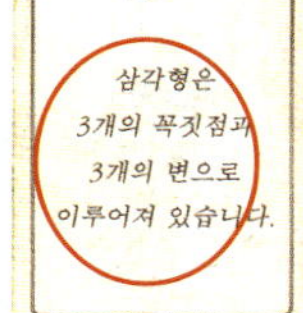

2. 연산 : 덧셈과 뺄셈

개념문제 64쪽~

01 46

02 39+23=62, 62

03 26+17=43, 17+26=43

04 43+29−15=57, 57

창의문제 66쪽~

01

$48 + 27 = \boxed{75}$ 수

$35 + 28 = \boxed{63}$ 정

$73 - 16 = \boxed{57}$ 행

$84 - 29 = \boxed{55}$ 동

$29 + 28 = \boxed{57}$ 복

$38 + 23 = \boxed{61}$ 어

$61 - 16 = \boxed{45}$ 작

$72 - 29 = \boxed{43}$ 함

(행복)

02

3. 측정 : 길이재기

개념문제 94쪽~

01 훈영이네

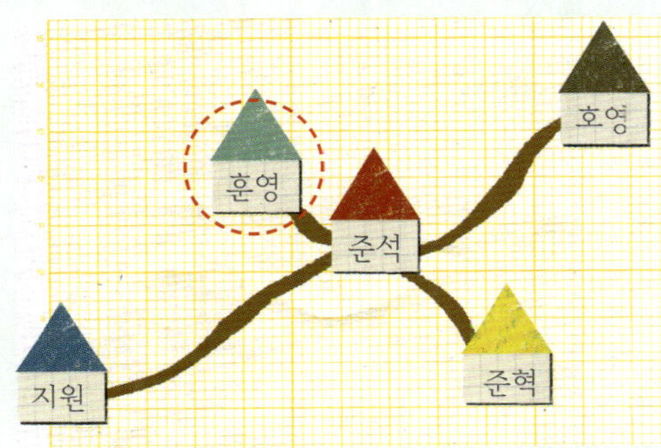

02 3, 12

03 3, 5

04 어림해 보세요.

자로 잰 길이 9cm

창의문제 96쪽~

01

02 여러분이 자유롭게 찾아보세요.

03 여러분이 자유롭게 찾아보세요.

4. 분류 : 분류하기

 119쪽~

01 열대 과일끼리, 혹은 색깔별로 껍질 째 먹을 수
   있는 것 등 다양한 기준으로 나누어 보세요.

02 4, 3, 1, 5

03 ○, ×

 122쪽~

01

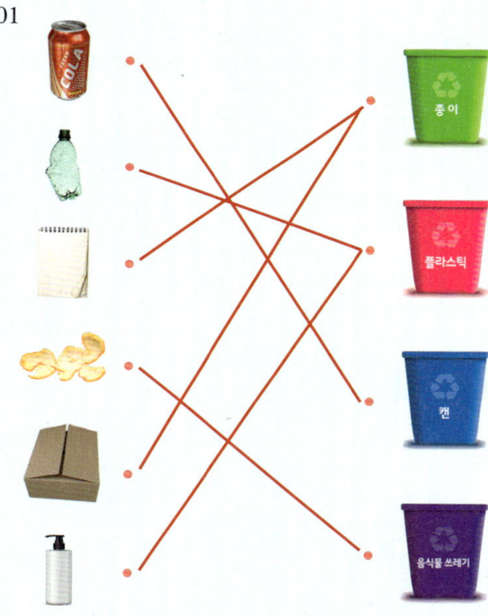

02 5, 7, 4

03 여러분이 자유롭게 그려 보세요.

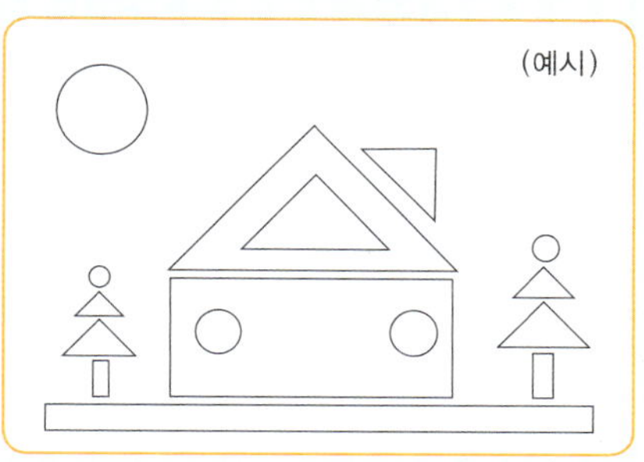

5. 연산 : 곱셈, 곱셈구구

 159쪽~

01 4, 6, 12, 15, 24

02 8, 16, 24, 32

03 30, 5+5+5+5+5+5=5x6=30

04 10, 15, 20, 25, 25

05 72, 9x8=72

06 3, 7, 7, 1, 3, 0

 162쪽~

01

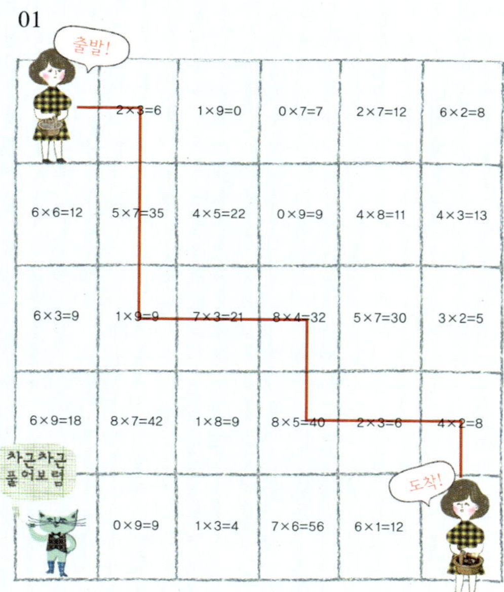

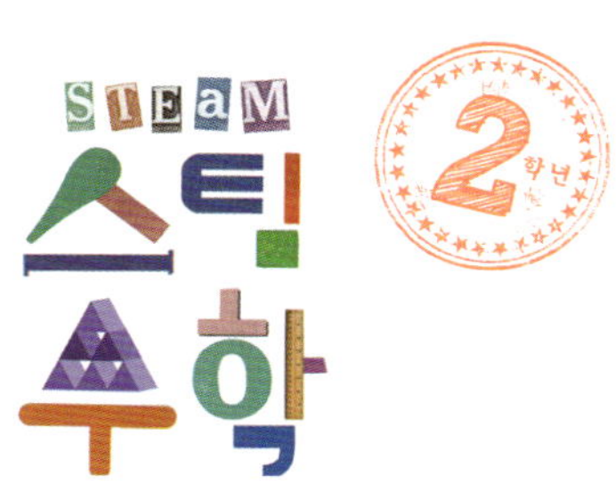

글 서지원 | 그림 홍지혜 | 감수 및 문제 출제 김혜진, 김가희, 구미진, 최미라, 김민회

펴낸날 2013년 2월 25일 초판 1쇄 | 2014년 6월 10일 초판 3쇄

펴낸이 김상수 | 기획·편집 고여주, 위혜정 | 디자인 정진희, 김수진 | 영업·마케팅 황형석, 장재혁

펴낸곳 루크하우스 | 주소 서울시 성동구 성수 2가 3동 277-58 성수빌딩 311호 | 전화 02)468-5057~8 | 팩스 02)468-5051

출판등록 2010년 12월 15일 제2010-59호

www.lukhouse.com cafe.naver.com/lukhouse

© 서지원, 홍지혜 2013
저작권자의 동의 없이 무단 복제 및 전재를 금합니다.
ISBN 978-89-97174-45-4 64410
       978-89-97174-43-0 (set)

※ 잘못된 책은 구입처에서 바꾸어 드립니다.
※ 값은 뒷표지에 있습니다.

상상의집은 (주)루크하우스의 아동출판 브랜드입니다.

꿀!
꿀!
꿀!
꿀!
꿀!